KB058767

알성달성
우리 아이
성교육

알쏭달쏭 우리 아이 성교육

"... 깨가 아직 어려서요."

아니요, 성교육은 그때부터 시작해야 합니다!

바른생각 ★ 김민영 ★ 정선화 ★ 윤동희 지음

RHK
알에이치코리아

　사람들에게 "당신이 받아 온 성교육은 어땠나요?"라는 질문을 하면, 우리 부모님 세대와 소위 MZ세대의 답변이 거의 유사합니다. "나는 여태까지 제대로 된 성교육을 받아 본 적이 없다" 혹은 "왜 그런 것을 물어보냐"라는 반문 같은 것이죠. 수십 년의 세대 차이에도 불구하고 반응이 이렇게나 유사한 게 놀랍습니다.

　종종 온 세상이 떠들썩할 만큼 엄청난 성 이슈가 생겨나는 상황에서 가정은 물론 정규 교육 과정에서도 성교육을 이렇게나 배제하고 심지어 무시하는 듯한 경향을 보인다는 게 정말 신기할 정도입니다.

　'바른생각'은 성性에 대한 논의 자체를 금기시하는 사회 현실 속에서, 이를 전달하는 형식과 방법 또한 중요하다는 판단하에 유튜브 채널 '알성달성'을 운영해 왔습니다. 개설 이후 구독자 수 약 23만여 명을 기록하며 전 세대를 아우르는 폭넓은 지지를 받고 있습니다. 특히 보다 실질적인 준비와 도움이 필요하다는 양육자들의 강력한 요청에 응답하고자 성교육 도서를 출간하게 되었습니다.

누군가에게 어떤 것을 설명해 본 경험이 한 번이라도 있는 사람들은 알 것입니다. 내가 정확히 알지 못하는 내용을 다른 사람에게 제대로 설명하기가 불가능하다는 사실을요. 더욱이 성性은 듣는 이와의 관계, 그리고 상황에 따라 설명이 미묘하게 달라질 수 있습니다. 그만큼 다양한 관점을 미리 살피고 고민하고, 나 스스로를 단단히 만드는 과정이 매우 중요합니다.

이 책은 '바른생각'이 지난 8년간 자체 상담실을 운영하면서, 그리고 외부 성 상담센터의 운영을 후원하는 과정에서 축적해 온 실질적인 궁금증과 고민을 다루고 있습니다. 또한 그동안 '알성달성' 채널의 출연진과 전문가 자문단들이 성을 대하는 올바른 태도부터 깊이 있는 지식들까지 다양한 내용들을 주제별로 정리해 주셨습니다. 예비 부모부터 초등학생 자녀를 둔 양육자들에게 소중한 자료가 되리라 자부합니다.

'바른생각'은 그동안 성이라는 주제를 투명하게 바라보고 솔직하게 대화할 수 있는 용기와 열린 마음을 무엇보다 강조해 왔습니다. 지난 8년간 '바른생각'이 추구해 온 작지만 꾸준한 노력들이 독자 여러분들에게 진심으로 전달되는 소중한 계기가 되기를 소망합니다.

바른생각 브랜드 운영사
㈜ 컨비니언스 대표이사 박경진

SMART IS SEXY

"올바른 생각을 하는 사람이 섹시하다"

PART 5

다양한 관계 속에서
우리 아이 지키기

정선화 산부인과 전문의

PART 6

누구나 걸릴 수 있는 성병

윤동희 비뇨의학과 전문의

PART 1

성교육의 중요성

김민영 성교육 전문가

'성'이 뭘까요?

성교육을 이야기하려면 '성性'이 뭔지에 대해 알고 시작하는 게 먼저겠지요. '성'이 도대체 뭐길래 전 세계적으로 비중 있게 다루고 있는 걸까요? 왜 유네스코에서는 평생에 걸쳐 '성'이라는 것을 교육하자며 포괄적 성교육의 필요성을 주장하고 있는 걸까요? 우리가 '아이 성교육'이라는 것을 왜 어렵고 부담스러운 것으로 느끼는지 알기 위해서는 '성'의 개념부터 이해하고 정리하는 과정이 필요합니다.

성性이라는 한자를 살펴보면, 마음 심心과 날 생生으로 이루어져 있습니다. 그래서 마음으로 '사랑'을 하고 몸으로 '생명'을 탄생시킨다는 뜻이 포함되어 있어요. 그래서 '성관계'라는 것은 사랑하는 사람과 생명에 대해 깊이 고민하고 준비하고 책임져야 한다는 의미가 있지요. 여기에 '기쁨'까지 들어간다면 성의 3요소라고 말할 수 있습니다.

양육자들이 아이들에게 성에 대해 이야기할 때, 이 '기쁨'에 대해서는 가르쳐 주지 않는 경우가 많습니다. 그러나 성性이라는 것은 '기쁨'이라는 요소도 반드시 들어가야 합니다. 성적인 기쁨만을 추구하고 의존하라는 의미가 아닙니다. 성은 기쁘고 기분이 좋은 것임을 계속 인지시켜 줘야 합니다. 약간이라도 찝찝하거나 불쾌한 기분이 발생하는 상황이 생긴다면, 뭔가 잘못됐다는 것을 알아차리고 양육자에게 도움을 요청하도록 교육해야 합니다. 성의 3요소 중 '생명'과 '사랑'뿐만 아니라, '기쁨'에 대해서도 알아야 아이들이 자신의 성과 관련해서 좋고 싫음을 고민할 수 있어요.

성性이라는 한자는 '사람이 날 때부터 가지고 있는 마음'이라고도 해석할 수 있습니다. 성性이 인간의 본능이냐 본능이 아니냐에 대해 전문가들도 의견이 분분한데요. 개인적으로 저는 그 본능을 컨트롤할 수 있느냐 없느냐가 더 중요한 문제라고 생각합니다.

성性이 인간의 본능이라는 전제를 가지고 이야기해 볼게요. 성 욕구는 누구나 가질 수 있습니다. 성 욕구는 인간의 기본 욕구이기 때문에 누가 가르쳐 주지 않아도 느끼는 거니까요. 이는 건강과도 연결되는 부분이며, 오히려 욕구가 전혀 없을 때 문제가 된다고 말하기도 합니다. 그렇다면 아이들의 성 욕구는 어떨까요?

성 욕구라고 해서 조금 헷갈릴 수도 있지만, 아이들은 주로 성에 대한 호기심과 관심을 질문이나 행동으로 해소하려 합니다. 일상에서 "아빠는 고추가 있는데 왜 나는 없어?", "아기는 어떻게 생기는 거야?", "나는 어디로 나왔어?", "엄마 아빠는 쉬하는 데에 머리카락이 있네?" 같은 말을 하며 설명을 듣고 싶어 합니다. 또, 자기 몸을 만지고 관찰하면서 즐거워하기도 합니다.

이런 아이들의 성 욕구 또한 자연스러운 것으로 볼 수 있습니다. 그러니 양육자들은 아이들의 욕구 자체를 비난하거나 지적할 필요가 없습니다. 당황하고 놀라지 마세요. 저는 양육자들이 우리 아이가 성에 대한 관심이나 욕구가 너무 많은 게 아니냐고 걱정하지 않았으면 합니다. 오히려 걱정하는 그 마음이 아이들의 욕구를 억압할 가능성이 높으니까요.

성을 궁금해하거나 무언가를 해 보고 싶어 하는 그 기본 욕구에 공감하는 것, 그리고 그것을 인정하는 태도가 필요합니다. 동시에 아이의 성적 호기심과 욕구를 건강하고 안전하게 해소하는 방법을 제시해 줘야 하고요.

특히 아이가 어릴 때, 성에 대한 궁금증을 해소할 수 있는 경로가 양육자로 굳어질 수 있다면 가장 이상적입니다. 인터넷을 찾아보거나 또래를 통하지 않고 양육자에게 물어볼 수 있도록 분위기를 형성하는 것이 중요하겠죠.

성에 대해 마지막으로 생각해 봐야 할 것은, 아이들에게 성을 설명하는 방식입니다. 많은 양육자들이 아이들에게 "성은 말이야, 네가 어른이 되면…… 사랑하는 사람과…… 신중하게……" 같이 어물대며 설명합니다. 아이들에게 '성'이 아닌 '성행위'를 설명하는 경우가 더 많다고 볼 수 있지요. 많은 양육자들이 '성'을 '신체적인 성', '행위적인 성'으로만 생각하기 때문에 아이들과 성에 대해 이야기할 때 불안해하고 불편해하는 경우가 정말 많습니다. '섹스'에만 국한하여 생각하는 경향이 있다는 뜻입니다. 이런 경향은 아이들도 마찬가지입니다. 초등학교 3학년~4학년만 되어도 '섹스', '성'이라는 단어가 나왔을 때 낄낄거리거나 부끄러워하거든요.

'성'은 정말 많은 것들을 담고 있습니다. '성'으로 마인드맵을 그려 보세요. 정말 다양한 주제들이 나올 거예요. 인간관계, 인권 존중 같은 주제로까지 번져 갑니다. 실제 성교육 시간에 다루는 주제들 또한 생물학적 성뿐만 아니라 관계, 사회구조, 평등, 인간의 기본 권리 등 아주 다양합니다.

사람이 태어나서 죽을 때까지 매일매일 경험하고 생각하고 느끼는 것이 '성'이죠. 그러니 양육자들은 '성'을 생물학적 성으로만 보지 말고 더 넓은 개념으로 이해할 필요가 있습니다. 그렇게 이해한 관점으로 아이에게 건강한 성 인식과 가치관을 세워 주는 것이 가정에서의 역할입니다. 그러니 성의 개념을 새로운 관점에서 고민해 보세요.

성교육은
곧 인생 교육

저는 'in 性교육(인성교육)'이라는 강의 제목으로 양육자들을 만나고 있습니다. '성교육 안에서 인성을 만든다'라는 저의 교육관이 들어가 있는 제목이지요. 성교육으로 아이 인성까지 교육할 수 있다는 점에 대해 의아해하는 분들도 있고, 성 문제는 인성의 문제가 아니라 인권의 문제라고 이야기하는 분들도 있습니다.

그러나 인간이라면 응당 자신과 타인의 기본 권리를 인지하고 존중할 줄 알아야 하며 그것이 곧 인성이라고 생각하기 때문에 성교육은 인권 교육이자 인성 교육이라고 표현하고 있습니다. 그리고 저는 그것이 성교육을 통해 가능하다고 믿습니다.

최근 일어나는 수많은 디지털 성범죄 중에서 가해자가 청소년인 경우가 꽤 많습니다. 이는 사회가 성교육의 힘을 간과했기 때문이라고 생각합니다. 최소한의 시간만 할애해 일부 내용으로만 성교육을 진행했던 지금까지의 시스템이 이런 심각한 문제를 불러온 것입니다. 이 끔찍한 상황을 방지하고 해결하기 위해서는 꾸준한 성교육을 통해 아이들의 평생 인격을 잘 다듬어 나가야겠지요. 이는 성교육을 잘 시킨다면 아이의 평생 인격을 올바르게 형성할 수 있고 사회적 문제인 성범죄를 줄일 수 있다는 말과도 같습니다.

아이의 인성 교육은 양육자로부터 많은 영향을 받게 됩니다. 우리의 인성도 마찬가지겠죠. 인간을 존중해야 한다는 그 마음을 우리는 어디에서 배운 걸까요? 바로 나를 키워 준 양육자에게서 배운 것입니다. 사람의 인성은 어느 날 갑자기 만들어지는 것이 아닙니다. 어릴 때부터 평생에 걸쳐 양육자에게 영향을 받아서 만들어지죠. 저는 이것을 '세포에 기억된다'라고 표현합니다.

가치관은 언어가 발달하기 전부터 비언어적인 메시지로도 전달됩니다. 아이가 자라는 동안 하루에도 몇 번씩 양육자의 가치관이 담긴 메시지를 받게 되는 거지요. 그러다 보면 본인이 의식하지 못하는 곳에서도 그게 옳다고 믿으며 살아가게 되는 것입니다. 세상을 바라보는 자신만의 기준이 생기는 거죠.

성교육은 어른을 보면 인사해야 한다는 것, 돈을 함부로 쓰면 안 된다는 것을 교육하는 것과 같습니다. 아이가 어리더라도 인사나 경제 관념을 심어 주기 위해 양육자들이 교육하는 것처럼, 성교육은 아이가 커 가는 전 과정에서 지속적, 반복적, 주기적으로 해야 하는 교육입니다. 일상 속에서 양육자가 성교육을 제대로 해 준다면, 아이는 결정을 내려야 할 때마다 수년간 세포에 기억된 것들을 토대로 주체적으로 판단하고 결정할 수 있을 거예요. 성인이 되어서도 마찬가지겠죠?

성교육을 위해
준비해야 할 것

　　　　　성교육을 위해 가정에서 어떤 것들을 준비해야 하는지 궁금해하는 분들이 많습니다. 양육자가 아이에게 성교육을 해 주기 전에 준비해야 할 가장 중요한 것은 무엇일까요? 정확한 성 지식을 습득하는 것? 사회적인 이슈에 관심을 갖는 것? 아이가 얼마나 알고 있는지 확인하는 것?

　이런 것들도 필요하지만, 가장 먼저 준비해야 할 것은 바로 '양육자 스스로 성에 대해 생각해 보는 시간을 갖는 것'입니다. 강의와 상담을 통해 만났던 대부분의 양육자들이 성교육의 필요성과 중요성만큼은 잘 알고 있었습니다.

그러나 양육자들은 막상 아이가 성에 대해 질문하거나 아이의 성 행동을 목격하게 되면, 순간 너무 당황스럽고 막막해진다는 이야기를 많이 합니다. 양육자들은 아이가 하는 성적 질문이나 성 행동이 왜 그렇게 당황스럽고 막막한지에 대해 먼저 생각해 볼 필요가 있습니다. 어쩌면 성에 대해 한 번도 생각해 본 적이 없거나, 본인이 어릴 때 양육자로부터 성교육을 받아 본 적이 없기 때문에 따라 할 모델이 없어서일 수도 있겠지요. 그런 영향으로 아이가 성적 질문이나 성 행동을 했을 때, 아이를 다그치거나 대답을 회피하는 양육자도 있습니다. 혹시 그런 경향이 있다면 이런 부분부터 해결하는 것이 필요합니다.

먼저 강의나 책으로 공부하는 것이 도움이 될 수 있어요. 그리고 가치관 점검을 통해 생각을 정리하는 거죠. 또 사회적으로 이슈가 되고 있는 성 관련 주제들이 불편하게 느껴진다면, 그 부분을 어떻게 아이에게 설명할지 고민하고 정리해야 합니다. 언제든 아이가 물었을 때 대답할 수 있게요.

두 번째로 준비할 것은 성과 관련되지 않은 일상 대화들부터 가능하도록 분위기를 잘 형성해 두는 것입니다. 아이와 일상적인 대화가 잘 되어야 성과 관련된 대화도 잘할 수 있거든요. 성은 일상생활에 녹아 있어요. 그렇기 때문에 기본적인 대화가 잘 이루어진다면 일상의 어떠한 것도 성과 연결지어 대화할 수 있습니다.

반대로 일상 대화가 잘 되지 않으면 성뿐만 아니라 그 어떤 대화도 단절될 수밖에 없습니다. 성교육을 해야 하는 시기가 와서, 혹은 아이가 성에 대한 호기심이 많아져서 급하게 대화를 시작하는 것보다, 아이의 일상에 관심을 가지고 일반적인 대화부터 편하게 해야 한다는 사실을 잊지 마세요.

세 번째로 준비해야 할 것은 수용과 경청의 태도입니다. 아이든 양육자든 성과 관련된 이야기를 하는 것은 사생활에 대한 이야기이기 때문에 용기가 필요합니다. 만약 양육자가 아이에게 성과 관련된 이야기를 물어봐 놓고 아이가 하는 말마다 잘못됐다거나 안 된다고 반응한다면 아이는 더 이상 대화하고 싶지 않을 거예요. 어른들도 마찬가지 아닌가요? 받아 주지 않고 잘 들어 주지 않는 대상에게 내 이야기를 하고 싶지 않은 것은 모두가 똑같은 마음이랍니다.

우리가 아이들과 성적 대화를 하려는 목적은 아이의 생각을 판단하고 비난하기 위함이 아닙니다. 그러니 판단하고 지적하는 태도보다는, 수용하고 경청하는 태도를 장착하는 것이 필요합니다. 이렇게 이야기하면 어떤 양육자들은 "그럼 마냥 받아 주고 허용해 주라는 건가요?"라고 질문하기도 합니다. 수용은 무조건적으로 허락한다는 의미가 아닙니다. 아이의 생각을 있는 그대로 인정하고 공감해 주는 것이지요.

"너의 입장에서는 그럴 수 있어", "너의 생각은 그렇구나. 이야기해 줘서 고마워"라고 반응하는 것이 수용하는 태도입니다. 동의할 수 없는 부분은 솔직하게 이야기하는 게 좋아요. 다만 동의하지 않는 이야기들도 수용, 경청이 우선이라는 것을 기억하세요.

마지막으로 준비해야 할 부분은 아이들이 알아야 하는 성에 대한 기본 지식이나 표현법입니다. '이건 강사들이 해야 하는 역할 아닌가요? 너무 어려워요……'라고 생각할 수 있는데요. 제가 괜찮은 팁을 하나 알려 드릴게요.

많은 양육자들이 우리 아이 연령에 맞게 어떤 단어로, 어떤 수위로 성 지식을 알려 줘야 할지 모르겠다고 물어봅니다. 그럴 때는 아이들 눈높이에 맞게 나온 성교육 책을 보면 도움이 됩니다. 지금 읽고 있는 이 책으로는 양육자 자신을 돌아보고 점검하는 용도 즉, 아이 성교육을 위한 기본 태도 및 기본 성 지식을 쌓는 데에 이용하면 됩니다. 그리고 아이들 책은 아이들에게 성 지식을 설명하기 위해 표현법이나 단어를 숙지하고, 수위를 짐작하기 위한 용도로 사용하는 거죠. 아이들 성교육 책을 보면 '애들이 요즘에는 이렇게 학습하는구나', '아, 우리 아이에게 이렇게 설명하면 되겠구나' 하고 아이 눈높이에 맞게 깨달을 수 있을 거예요.

"우리 애가 아직 어려서
성교육은 너무 일러요."

얼마 전 큰 쇼핑몰에서 행사를 한 적이 있어요. 유아차를 끌고 오는 분들이 많았는데 그래서인지 아이들의 연령은 보통 1세~5세 정도였습니다. 간간이 초등학교 저학년 학부모들도 보였고요. 지나가는 분들에게 "저희는 성교육 기관입니다. 아이 성교육, 잘 준비하고 계신가요?"라고 했더니 대부분의 대답이 "아, 네…… 우리 애가 아직 어려서요……" 하고 지나치는 겁니다.

아이 성교육을 언제부터 해야 하는지는 제가 양육자 교육을 할 때마다 강조하는 부분입니다. 아직까지도 많은 분들이 성교육은 아이에게 몸이나 마음의 변화가 일어났을 때 하는 거라고 생각합니다. 그럼 아이에게 성교육을 해 줘야 하는 적절한 시기는 언제일까요? 연령에 맞는 성교육이 단계별로 필요하지만, 첫 성교육의 타이밍은 빠를수록 좋습니다.

양육자들은 아이를 갖겠다고 다짐하는 그 순간부터 성교육을 준비해야 합니다. 특히 아이가 0세~3세일 때, 대부분의 양육자들이 성교육은 전혀 신경 쓰지 않는데요. 오히려 이때가 집중해서 아이 성교육을 준비할 수 있는 시간입니다. 왜냐하면 아이들은 4세 정도부터 성에 대한 질문을 많이 하거든요. 아이가 성에 대해 질문하거나 관심을 가지는 때, 성 행동을 하는 때는 예고가 없습니다.

생전 안 그러던 아이가 오늘 갑자기 성에 대한 질문을 한다면, 여러분은 좋은 대답을 할 수 있을까요? 준비가 안 된 대부분의 양육자들은 당황스러워하면서 상황을 회피하거나 아이를 다그칩니다. 아이는 그냥 궁금해서 물어본 것뿐인데 양육자의 반응을 보고는 '다시는 이런 질문을 안 해야지!'라고 생각하게 됩니다.

그런 상황이 반복되면, 아이는 성장하면서 양육자에게 성적 고민이나 궁금한 것들을 점차 말하지 않게 되고, 심지어는 위험하거나 도움이 필요한 순간에도 양육자를 찾지 않게 됩니다.

준비된 양육자는 다릅니다. 강의나 책을 통해 성교육을 준비해 온 양육자들은 아이가 질문하면 반갑게 맞아 줍니다. 비록 마음속으로 조금은 당황했을지 몰라도요. 그런 분들은 무엇보다 아이가 자신을 신뢰하고 자신에게 마음껏 물어볼 수 있도록 편안한 분위기를 만들어야 한다는 것을 알고 있습니다. 그렇게 자란 아이는 위험하게 인터넷을 뒤적이거나 또래들에게 물어보지 않습니다. 양육자에게 물어보면 다정하게 알려 주거나 책을 같이 찾아봐 주니까요. 굳이 확실하지 않은 인터넷이나 또래들에게 물어볼 필요가 전혀 없다는 걸 알기 때문이지요.

이것 말고도 "성교육은 엄마, 아빠 중 누가 하는 게 좋을까요?", "아들 성교육은 아빠가 하는 게 좋나요?"라는 질문을 많이 받습니다. 성교육은 누가 맡아서 하는 게 좋을까요?

아이 양육을 엄마나 아빠 등 누가 해야 하는지 콕 집어 말할 수 없는 것처럼 성교육도 마찬가지입니다. 엄마나 아빠가 하면 더 좋은 게 아니고 같이 하는 게 가장 좋습니다.

가정 성교육은 앉혀 놓고 하는 '교육'의 개념보다는 성에 대해 편하게 대화를 나누는 것에 더 가깝습니다. 그렇기에 양육자 중 누구 한 명만 성교육을 하기보다는 옷차림, 잠자리, 노크 매너, 샤워 등 생활 속에서 마주할 수 있는 다양한 주제들에 대해 온 가족이 함께 규칙을 정해 보는 이런 교육이 더욱 좋습니다. 또, 가족들의 역할을 평등하게 분담하는 것도 가정에서 할 수 있는 좋은 실전 성교육이 될 수 있어요. 만약 한쪽이 너무 준비가 안 되어 있거나, 혼자 양육을 하는 가정, 부모가 주 양육자가 아닌 경우에는 아이와 친밀한 사람이 해도 충분합니다. 가족의 형태는 다양하기 때문에 엄마 또는 아빠가 하는 게 더 좋다는 생각보다는, 아이와 함께 시간을 보내는 모든 어른들이 성교육을 준비하는 것이 가장 좋은 방법입니다. 다시 한번 강조하지만, 성에 대해 온 가족이 편하게 이야기 나눌 수 있는 분위기를 만드는 게 가정 성교육의 핵심입니다.

Q. 성교육의 골든타임은 언제인가요?

유아기(2세~6세)입니다. 나중에 아이와 성적 대화를 할 수 있는 편안한 분위기를 미리 만들어 놓는 것이 성교육의 관건이거든요.

그러나 이미 유아기를 지난 아이라면 오늘이 바로 골든타임입니다. 하루라도 빨리, 지금이라도 당장 해 주는 것이 좋습니다.

Q. 아이 눈높이에 맞춘 성교육용 동화가 좋다고 하셨는데요. 구체적으로 어떤 책들이 있을까요?

정식으로 출판된 아이들용 책은 뭐든 좋아요. 책으로 설명하는 게 가장 좋습니다. 신체구조, 생명탄생, 경계존중 이렇게 3가지 주제의 책은 집에 항상 준비해 주세요.

적나라하다고 생각되어 보여 주지 않는 경우도 있는데, 오히려 그건 양육자 생각일 뿐이에요. 초등학교 3학년~4학년 이상이면 다양한 주제들이 담겨 있는 성교육 그림책이나 만화책 한 권만 있어도 도움이 됩니다.

Q. 아이가 몇 살 때까지 성별이 다른 부모와 함께 목욕하는 게, 가능한가요?

5세~6세가 되면 분리해 주는 것이 좋아요. 목욕탕도 만 4세부터 성별이 다른 곳엔 못 들어가잖아요. 사람의 몸에 관심을 가지기 시작하는 나이부터는 분리해 주는 것이 좋아요.

Q. "섹스가 뭐야?"라는 아이 질문에, 혹은 자꾸 "섹스, 섹스"라면서 장난치는 아이에게 정확히 어떤 답변을 해야 하는지 모르겠어요.

'섹스'는 남자와 여자를 뜻하는 '성별'이라는 의미가 먼저입니다. "우리가 '성별, 성별' 하면서 웃고 장난치지 않는 것처럼 '섹스, 섹스' 하면서 장난치는 것도 이상한 일이야. 너는 섹스가 뭐라고 생각하니?"라고 대화해 보세요.

Q. 아이가 별 의미 없이 계속 자기 성기를 만지는데 그걸 알면서도 모른 척해야 하는지, 말려야 하는지 헷갈려요.

유아기 때 아이가 성기를 만진다면 굳이 개입할 필요가 없어요. 자기 몸을 관찰한다고 생각해 주세요. 다만, 6개월 이상 지속되거나 점점 심해진다면 스트레스나 다른 요인이 있을 수 있으니 전문가와 상의하는 게 좋아요.

초등학교 고학년 이후로는 사생활이니 모른 척해도 되는데 혹시 아이가 매너를 지키지 않거나 위험해 보인다면 그때는 제대로 알려 줘야 해요.

Q. 아이들에게는 '또래 문화'라는 것이 있어 가르쳐도 금방 원상복구 되는 느낌이 들어요. 우리 아이만 유별난 게 아닌가 싶기도 하고요. 이 간극을 어떻게 줄일 수 있을까요?

성교육을 얼마나 자주 하나요? 성교육은 가치관 교육입니다. 어른을 보면 인사하는 것, 돈을 아껴 쓰는 것을 가르치듯이 일상에서 매일 가르쳐야 하는 교육입니다. 또래 문화도 일상에서 반복적으로 노출되듯이 가정 성교육도 일상이 되어야 간극을 줄일 수 있어요. 아이들이 직접 경험하는 상황들을 통해 건강한 성 인식에 대해 고민할 수 있도록 대화를 많이 하세요.

Q. 5세 아들을 둔 엄마인데 아이가 거실에서 땀을 뻘뻘 흘리며 자위하는 걸 목격했어요. 당황해서 하지 말라고 다그쳤는데 뭐라고 얘기하면 좋을까요?

아이한테 미안하다고 사과부터 하셔야겠어요. 자위는 아이를 혼낼 이유가 되지 못합니다. 감정적으로 대한 것을 사과하고 그런 행동을 하면 기분이 어떤지, 어떨 때 그렇게 하고 싶은지 물어보세요. 아이의 행동을 지적하고 비난하지 않는 태도로, 진심으로 아이의 행동에 대해 관심을 가지고 궁금해하시길 바랍니다. 파트3에서 정선화 원장님께서 올바른 자위 습관에 대해 자세히 적어 주셨는데, 그 내용을 바탕으로 아이에게 교육하는 것도 좋은 방법이겠죠?

Q. 아이와 목욕을 하는데 언제부턴가 제 중요 부위를 빤히 쳐다봐요. 어떻게 해야 할까요?

일단 아이가 5세 이상이라면 목욕을 분리하는 것이 좋고요. 5세 이하인 아이라면, 아이에게 왜 보는지 물어봐도 괜찮아요. 그리고 아이가 성 관련 질문을 한다면 "몸에 대해서 궁금하구나~ 다 씻고 나가서 옷 입고 설명해 줄게"라고 하면 됩니다. 어떤 점이 궁금한지 물어보고 대답해 주면 돼요. 집에 책이 있다면 그림책을 이용하는 것도 좋습니다.

설명을 다 한 후, "다른 사람의 몸이 궁금할 수는 있지만 그렇다고 빤히 보거나 보여 달라고 하는 것은 잘못된 행동이야. 앞으로 궁금한 게 있으면 그렇게 바라보는 대신 나한테 언제든지 물어봐"라고 이야기해 주는 것도 잊지 마세요.

PART 2

실전 성교육

✦

김민영 성교육 전문가

가정 성교육,
뭘 해야 하죠?

코로나가 심각해지면서 일상의 많은 부분이 달라졌습니다. 양육자 입장에서는 아이들의 교육을 담당하던 학교가 제 역할을 하지 못하게 되었다는 게 가장 컸을 거예요. 학교가 하던 대부분의 역할을 가정에서 도맡게 되었으니까요. 그래서 학교가 맡고 있던 수많은 역할 중 하나였던 성교육도 양육자가 직접 신경을 쓸 수밖에 없게 된 상황이지요.

설상가상으로 모든 생활이 온라인, 비대면 중심으로 바뀌면서 아이에게 쥐어 주고 싶지 않았던 컴퓨터, 태블릿 PC, 스마트폰을 사 줘야 하는 상황이 되었어요. 물리적인 사용량이 증가하고 영상 노출 빈도가 높아지면서 그로 인한 디지털 성범죄는 날이 갈수록 심각해졌습니다. 뉴스에서 연일 나오는 성범죄 사건들을 보면 낮은 연령도 문제지만 그 수위는 상상할 수 없을 정도로 잔인하고 심각한 상황입니다. 이런 사회 흐름 속에서 성교육은 더더욱 중요한 교육 중 하나가 되었습니다.

일반적으로 '성교육'이라고 하면 양육자가 아이들에게 어떤 성 지식들을 알려 주는 방식을 떠올립니다. 그렇기 때문에 성교육에 대한 부담도 커질 수밖에 없지요. 왜냐하면 양육자들은 집에서 성교육을 받아 본 적이 없는데 그걸 해 줘야 한다고 생각하니, 막막한 게 당연합니다.

그런데 가정에서 성교육을 잘하려면 '가정 성교육'에 대한 개념부터 바로잡을 필요가 있어요. 가정 성교육에서 가장 중요한 것은 성에 대해 대화할 때 편안한 분위기를 만드는 것입니다. 아이가 어릴 때부터 그런 분위기를 만들어 나가는 것이 중요해요. 양육자는 아이의 그 어떤 질문도 들어줄 수 있다는 태도를 가져야 하고요. 더불어 아이와 성에 대해 대화하고 토론하는 과정을 통해 아이가 스스로 성에 대해 생각할 힘을 키울 수 있도록 훈련시켜야 합니다.

좀 더 간단하게 설명해서 가정 성교육은 지식 전달이 아닌 '대화'라고 생각하면 됩니다. 한쪽에서 일방적으로 성에 대한 지식을 전달하는 일은 저 같은 강사의 역할입니다.

양육자들은 강사가 하지 못하는 일을 해야 합니다. 그것은 바로 '일상에서 아이와 대화하는 것'입니다. 성교육에서 가장 중요한 역할이에요. 다시 한번 강조하지만, 가정 성교육은 아이와 성에 대해 대화를 하면서 아이가 스스로 생각할 수 있도록 돕는 것이라는 것을 꼭 기억해 주세요.

이제 '이런 걸 언제 다 공부해서 애들에게 알려 주지……' 하는 부담이 좀 줄어들었나요? 이 부담을 내려놓아야 가정에서 성교육을 잘할 수 있답니다. 양육자는 완벽한 존재가 아니에요. 완벽한 양육자는 오히려 아이를 망친다고 해요. 양육자라고 모든 걸 다 알 수는 없어요. 이러한 부담만 내려놓아도 가정 성교육을 훨씬 편하고 쉽게 할 수 있습니다.

경계존중 교육

지난 10여 년간 강의를 하면서 성교육에서 가장 많이 바뀐 개념을 뽑으라면 단연 '경계존중 교육'입니다. 아직까지도 예전 방식으로 생각하는 분들이 많은데요. 현재 성교육에서 경계존중 교육은 굉장히 중요한 교육 포인트이기도 합니다.

10년 전만 해도 경계존중 교육보다는 자연스러운 성교육을 추구했어요. "양육자님, 성은 숨겨야 하는 부끄러운 게 아니에요. 우리 아이들에게 성적 수치심을 주지 마세요. 집에서 옷을 갈아입거나 샤워할 때 우리 몸에 대해 알려 주고 명칭도 알려 주면서 자연스럽게 성교육을 해 줘야 합니다."

그런데 지금은 이렇게 교육합니다.

"양육자님, 아이가 적정 나이가 되면 목욕, 잠자리를 분리해 주고 집에서도 옷차림을 신경 써야 해요. 가족 간에도 지켜야 하는 선이 있거든요. 타인의 몸을 함부로 만지거나 타인에게 자신의 몸을 보여 줘서는 안 된다고 교육해야 합니다. 서로의 경계선을 지켜 주는 훈련을 유아기 때부터 해야 합니다."

어떤 게 다를까요? 과거에는 사회적으로 성을 너무 억압하고 숨겼기 때문에 양육자들이 성을 개방적으로 생각하도록 이끌었어요. 그러니 성을 일상에서 자연스럽게 언급하는 것만으로도 성교육이 된다고 생각했어요. 그러나 최근에는 타인의 경계를 함부로 침범하면 폭력이라는 개념을 중요하게 여기기 시작했어요. 그렇기 때문에 자신의 경계를 세우고 타인의 경계를 침범하지 않는 이 훈련을 어릴 때부터 가정에서 하도록 강조하고 있습니다.

훈련 방법

가정에서 경계존중을 하기 위해서는 두 가지를 특히 신경 써야 합니다. 경계를 존중한다는 것은 '동의'와 '거절'에 민감해진다는 뜻인데요. 그렇기 때문에 경계존중 훈련을 하려면 아이가 '동의'와 '거절'에 대한 개념을 이해하고 그것을 일상에서 반복적으로 사용하게 하는 것이 가장 좋은 교육 방법이겠지요.

첫 번째 훈련 방법은 습관적으로 '동의'를 구하는 연습을 시키는 거예요. 어떤 행동일지라도 아이가 먼저 동의를 구하는 것은 굉장히 좋은 태도입니다. "엄마 나 이거 만져도 돼요?", "아빠 나 이거 먹어도 돼요?", "친구야 나 이거 한번 봐도 돼?"

이런 사소한 동의를 구하는 게 습관이 되면 성과 관련해서도 동의를 구하는 건 어렵지 않습니다. 동의를 잘 구하는 아이가 되도록 하려면 아이를 훈련시키는 것도 필요하지만 양육자가 먼저 시범을 보이는 것도 반드시 필요합니다.

"엄마가 이거 한번 만져 봐도 되니?", "아빠랑 이거 하는 거에 대해 어떻게 생각해? 할까?"

또 다른 훈련 방법은 '거절'을 받아들이는 연습을 시키는 거예요. 어떤 사람은 거절을 당해도 민망해하지 않고 "오케이!"를 외치며 뒤돌아서는 사람이 있는 반면, 어떤 사람은 좌절하고 속상해하면서

'저 사람이 어떻게 나한테 그럴 수 있어……' 하고 미움이나 분노의 싹을 키우는 사람도 있어요.

두 유형의 사람들은 무엇이 다를까요? 바로 '거절을 받아들이는 힘'이 다릅니다.

동의를 구하는 습관도 중요하지만 무엇보다 '거절을 받아들이는 힘'이 강해지도록 연습시키는 것이 더 중요합니다. 특히 유아기부터 이 연습은 굉장히 중요한데, 보통 아이들이 자기 욕구가 좌절되면 울거나 떼를 쓰잖아요. 그럴 때 거절을 받아들이는 힘을 키워 주면 상대방의 거절에 좌절하기보다는 타인에게 거절할 권리가 있음을 인지하고 타인의 의사를 존중할 수 있어요.

예를 들어 엄마 가슴을 만지고 싶어 하는 7살짜리 아이가 있다고 생각해 봅시다. 여느 때처럼 자연스럽게 엄마 가슴을 만지려고 하는데 엄마가 "이제 너는 7살이니까 엄마 가슴을 만지는 건 그만했으면 좋겠어. 네가 엄마 가슴을 만지면 엄마가 아프고 기분이 안 좋아"라는 말을 하면 어떤 일이 벌어질까요? 처음에는 아이가 매우 섭섭해하면서 자기 존재가 거절당했다고 슬퍼하거나 분노할 수 있습니다. 이때 아이에게 꼭 덧붙여 설명해 줘야 해요.

"네가 엄마 가슴을 만지는 게 싫은 이유는 엄마가 너를 미워해서가 아니야. 너도 소중한 사람인 것처럼 엄마도 소중한 사람이니까 서로 아껴 줘야 해. 엄마가 너에게 함부로 하지 않는 것처럼, 우리

○○이도 엄마를 위해서 엄마가 싫다는 거 안 할 수 있을까? 대신 가슴 만지고 싶을 때 이야기하면 엄마가 더 세게 꼭 안아 줄게."

물론 이렇게 말한다고 다 해결되는 건 아닐 *거예요.* 어떤 아이들은 *끄덕끄덕*하면서도 서러운 마음에 울기도 하고 가끔은 아무렇지 않게 또 만지려고 하는 아이들도 있고요. 이럴 때 아이의 속상한 마음, 좌절된 마음을 충분히 들어 주고 공감해 주세요. 그리고 다른 대체 행동으로 아이의 마음을 위로하면서 천천히 연습시키면 됩니다.

성인지 감수성

성인지 감수성은 필수적인 요소지만 그동안 사람들이 많이 알고 있던 개념은 아니에요. 미투 운동이 일어난 다음부터 좀 더 관심을 가지고 적극적으로 다루는 성교육 주제 중 하나인데요. 쉽게 말해 성평등 교육이라고 보면 됩니다. 우리 사회에서 성별로 인한 차별이 어느 정도이며, 그 차별을 평등으로 바꾸기 위해 어떤 노력 방안이 있을지, 사회구조적인 관점으로 성차별을 어떻게 봐야 하는지 고민하는 감수성을 일컫습니다. 성별로 인한 차별과 불평등에 대해 민감하게 반응할 수 있는 레이더를 켜놓는 것과 같아요.

성인지 감수성을 구체적으로 알아보기 전에, 먼저 성역할에 대한 이야기가 선행되어야 합니다. 성역할이라는 것은 사회가 남성 또는 여성에게 기대하는 역할을 말합니다. 즉, 남자로서 또는 여자로서 마땅히 해야 한다고 여겨지는 것들을 의미하죠. 성역할에 대한 편견이나 기준이 강하고 많을수록 우리는 그것을 '성역할 고정관념'이라고 이야기합니다. 꼭 그래야만 한다고 생각하는 편견이 많다는 의미지요.

성인지 감수성 교육하기

성역할은 학습된다고 합니다. 그래서 우리가 어떻게 가르치는지에 따라 아이가 성역할 고정관념을 갖게 될지, 아닐지 알 수 있습니다.

아이가 아주 어릴 때는 성역할에 대한 개념이 전혀 없습니다. 그 말은 고정관념이 없다는 뜻이기도 해요. 그런데 아이들이 3세~4세 정도가 되면 남녀를 구분하기 시작하고, 어른들이 남녀를 구분하는 것을 관심 있게 보고 따라 하게 됩니다.

그러니 성역할 고정관념이 심한 양육자와 함께 지낸 아이는 어려서부터 성역할 고정관념이 생길 수밖에 없는 거예요. 아이가 남녀를 지나치게 구분하거나 자신과 다른 성별을 무시하고 싫어하는 듯한 표현을 할 때마다 아이와 많은 대화를 해야 합니다.

이는 단순히 성역할에 대한 고정관념으로만 끝나지 않습니다. 아이는 평생 성별에 따른 고정관념을 자기 삶에도 적용하게 됩니다. 남자의 역할, 여자의 역할을 구분하는 아이는 자기 성별에 따른 역할에도 부담을 느낍니다. 또 하지 말아야 할 것 즉, 한계도 스스로 설정하게 됩니다. 예를 들면 이런 거예요.

야구를 너무 좋아하고 잘하는 아이가 있어요. 그런데 성별이 여자예요. 성역할 고정관념이 별로 없는 양육자들은 이 아이를 어떻게 키울까요?

"성별은 중요하지 않아. 네가 원하고 재미있다면 뭐든 할 수 있어. 야구가 좋으면 야구를 배워 볼래? 나가서 엄마랑 같이 야구할까?"라고 하겠죠. 성역할 고정관념이 뿌리 깊게 박혀 있는 양육자의 반응은 어떨까요?

"야구는 보통 남자가 하는 거야. 여자 야구 선수도 별로 없을걸? 야구 말고 엄마랑 그냥 집에서 놀자. 아님 요리할까?"

두 유형의 양육자 반응을 매일, 반복적으로 겪게 된다면 이 아이는 어떻게 자라게 될까요? 유연하고 개방적인 성역할 개념을 가지고 있는 양육자와 자란 아이는 본인이 야구 선수든 뭐든 될 수 있다고 생각할 거예요. 자신이 성별 때문에 못 할 일은 없다고 생각하면서 뭐든 도전할 수 있지요.

반면, 성역할 고정관념이 심한 양육자와 함께 지낸 아이는 어떨까요? 포기가 쉬워집니다. 자신이 여자이기 때문에, 또는 남자이기 때문에 못 하는 것들이 뭐가 있는지 생각하고 그 분야는 시도조차 하지 않게 될 거예요.

양육자의 성별 고정관념이 아이에게 어떤 영향을 미치는지 충분히 이해가 되나요? 그렇다면 평등한 관점을 가지고 아이를 교육해야 한다는 점에 모두 동의했을 거라 생각합니다.

덧붙여 양육자들은 본인이 아들에게, 딸에게 대하는 태도가 다르지는 않은지도 점검해 봐야 해요. 또, 여성과 남성에 대한 느낌과 이미지가 너무 명확하게 구분되어 있는 것은 아닌지 점검해 보세요. 그리고 집에서 여성 양육자와 남성 양육자의 역할, 집안일 분담은 평등한지도 살펴야 하고요.

불평등한 부분이 있다면 아이를 위해서라도 평등하게 균형을 맞추려 노력해야 합니다. 성평등 교육은, 아이가 앞으로 살아가면서 본인과 타인의 한계를 결정 짓지 않고 뭐든 망설임 없이 도전할 수 있도록 하는 교육, 타인을 나와 똑같이 동등한 존재로 볼 수 있도록 하는 교육입니다. 그러니 아이를 위해서도, 사회를 위해서도 꼭 해야 하는 교육이지요.

다양성이라는 관점

성인지 감수성은 사회적 소수자나 약자를 보는 관점에도 많은 영향을 줍니다. 모든 인간은 평등하고 존중받아야 한다는 기본 권리에 따르면, 우리는 다르다는 이유로 누군가를 차별하거나 괴롭혀서는 절대 안 됩니다. 다름을 이유로 들며 무시하거나 혐오하는 발언을 하는 행위는 폭력입니다. 이는 양육자로서도 주의해야 할 태도입니다.

자, 아이가 사회적 소수자나 약자에 대해 질문한다면 어떻게 대답할 수 있을까요? "여자랑 여자랑, 남자랑 남자랑 결혼할 수 있어?"라는 질문을 들었을 때 많은 양육자들이 불편해하거나 당황스러워합니다. 아이와 나누고 싶지 않은 주제일 수도 있고, 살면서 딱히 생각해 보지 않은 주제일 수도 있거든요. 혹은 비정상이라고 생각하거나 동성 결혼을 지지하지 않을 수도 있어요. 그렇다고 아이들에게 이렇게 대답하면 될까요?

"그런 사람들은 죄인이야."

"그런 사람들은 비정상이야."

"너 그런 건 어디서 들었어!"

양육자가 생각해 보지 않았거나 불편한 감정을 갖고 있다고 해서 아이에게 그대로 전달하는 것은 '너의 가치관과 다르다면 얼마든지 혐오하고 공격해도 돼'라고 가르치는 것과 같습니다. 비록 양육자가 관련 주제에 대해 불편하게 생각한다고 해도 아이들에게는 있는 그대로를 알려 주는 게 좋아요.

"이 세상에는 다양한 사람들이 모여 살고 있어. 여자와 남자가 사랑하고 결혼해서 아이를 낳고 사는 삶도 있지만, 같은 성별끼리 사랑하고 결혼하는 사람도 있어. 이것을 합법적으로 허용하는 나라도 있어. 우리나라에서는 결혼을 할 수 없지만 같은 성별끼리 사랑하는 사람들은 있어"라고 설명해 주면 됩니다. 추가로 질문을 던지고 아이의 생각을 물어보면 더욱 멋진 대화가 되겠죠?

"이야기를 들어 보니 어떤 생각이 들어?" 하고 말이에요.

연령별 성교육

아이 성교육을 떠올리면 어떤 마음이 드나요? '하긴 해야 하는데, 어디서부터 해야 하지?', '어느 정도의 수위로 말해 줘야 하는 거지?', '지금부터 그런 거 알려 주면 너무 빠르지 않을까?', '괜히 자극될 거 같아. 좀 더 있다 하자.'

제가 만나 본 양육자들 대부분이 이런 망설이는 마음을 갖고 있었습니다. 그러다 보니 성교육을 언제 시작해야 할지, 어떤 단어를 써야 할지, 어디까지 말해야 할지 고민하다 아이 사춘기가 시작될 때쯤이면 더 이상 미룰 수 없다는 생각이 들어 불안해하지요.

아이 성교육은 언제부터 해야 할까요? 그리고 어느 정도까지 알려 주는 게 적당할까요? 앞에서도 말했듯, 성교육은 아이가 생기는 그 순간부터 해야 합니다. 조금 더 정확하게는 아이가 생기기 전부터 준비해야 합니다. '아이도 없는데 성교육이라니?'라고 생각하는 분들도 있을 텐데요. 양육자가 되기로 마음먹은 그 순간부터 추후 아이 성교육을 위해 공부하고 점검해야 한다는 뜻입니다. 그래야 아이가 물어볼 때 망설이거나 헤매지 않고 긍정적이고 밝게 아이에게 성을 알려 줄 수 있기 때문입니다.

아이가 태어나기 전에 성에 대해 양육자 스스로 어느 정도 정리가 됐다면, 아이가 태어난 후부터는 아이의 연령에 맞는 적기 성교육을 하면 됩니다. 연령별 성적 발달 특성과 개입해야 하는 부분은 다음과 같아요.

0세~3세

0세~3세의 아이는 언어 발달이 완전히 되지 않았기 때문에 성에 대한 질문을 직접적으로 하는 경우가 거의 없어요. 그렇다고 아이가 아무것도 모르는 건 아니에요. 언어적 표현은 서툴지만 비언어적인 표현을 훨씬 더 잘하고 비언어적인 것에 더 민감하게 반응하는 존재입니다.

그래서 아이가 0세~3세 때는 비언어적인 표현, 즉 스킨십이나 밝은 표정을 많이 보여 주는 게 좋습니다. 아이가 모든 것을 말로 표현하거나 알아듣는 것은 못해도 양육자의 스킨십이나 표정을 통해 세상에 대해, 자신에 대해, 성에 대해 느낄 수 있거든요. 양육자가 아이에게 부정적인 느낌을 전달하면 아이는 세상을 부정적으로 받아들일 수 있어요. 그렇기 때문에 내가 아이에게 비언어적으로 전달하는 것이 무엇이고 어떤 느낌인지 살펴보는 것은 매우 중요하지요.

그리고 이때 양육자에게 또 하나 중요한 미션이 있습니다. 바로 성에 대해 공부하는 것입니다. 아이가 아직 많은 질문을 하지 않는 이때가 양육자가 성에 대해 공부하고 준비할 수 있는 유용한 시간이라고 생각하면 됩니다.

4세~7세

4세~7세의 아이는 엄청난 발달을 하는 시기입니다. 이때 아이들은 언어적으로도 신체적으로도 급격한 발달을 하게 돼요. 그리고 '성 정체성'이 형성됩니다. 그 전까지는 명확하게 구분하지 않았던 남녀의 차이, 아이와 어른의 차이를 알게 되고 다른 사람의 몸에 대해 궁금해하는 시기예요.

"아빠는 고추가 있는데 왜 나는 없어?", "나는 언제 엄마처럼 찌찌가 생겨?", "아빠는 쉬하는 데 머리카락이 왜 있는 거야?" 같은 질문도 하고요. 자기 몸을 만지기도 하고 다른 사람의 몸이 궁금해서 양육자나 친구들에게 보여 달라고 할 수도 있어요. 아이가 자기 몸을 만지기 시작한다면 아이에게 본격적으로 성에 대해 이야기해 줄 시기가 왔다고 생각하면 됩니다.

당황스럽겠지만, 이때 아이의 행동은 마치 때가 되면 배가 고프거나 잠이 오는 것처럼 무척 자연스러운 현상이라는 것을 기억하세요. 다만, 아이가 궁금하다는 이유로 양육자나 친구의 몸을 보여 달라고 하거나 함부로 만지는 것은 '폭력'이라는 것을 꼭 알려 줘야 합니다.

아이의 마음에 공감해 주고, 그림책이나 동화책을 통해 아이에게 성에 대해 알려 주는 것이 가장 좋은 방법입니다. 생식기에 대한 정확한 명칭을 알려 주는 지식 교육도 이때 함께 하면 좋아요. 혹여 아이가 성에 관해 궁금해하지 않더라도 아이 연령에 맞춰 필요한 이야기를 해 주는 것이 좋겠습니다.

초등학생

아이가 초등학생이 된다면 이제 앉혀 놓고 하는 성교육이 필요한 시기입니다. 아이가 본격적으로 학교라는 사회생활을 하면서 성에 대한 내용을 어떠한 방식으로든 접하게 될 가능성이 높아요. 인터넷 사용 빈도도 높아지기 때문에 성에 대해 이야기를 나누는 시간은 필수입니다.

이 시기에는 특히 아이가 의도치 않게 성에 대한 이야기들을 숨기는 경우도 있습니다. '이런 건 어른들에게 이야기하기가 좀……' 이라는 생각을 할 가능성이 높다는 뜻이에요.

일부러 숨기려는 의도보다는 민망하거나 어색하고 불편하다는 느낌 때문에 그럴 수 있으니 혹시 아이가 숨기더라도 너무 다그치지 말고 그럴 수 있다고 이해해 주세요.

아이가 초등학교 고학년이 되기 전, 3학년~4학년쯤에는 사춘기와 2차 성징에 대해 알려 주세요. 평균적으로 2차 성징이 4학년~6학년쯤 나타나기 때문에 몸과 마음의 변화가 일어나기 전에 미리 안내해 주는 것이 중요합니다. 사춘기와 2차 성징에 대해서는 뒤에서 조금 자세히 이야기해 볼게요.

청소년기

　　아이가 청소년기가 되면 많은 양육자들이 성과 관련해서 더 불안해하고 아이와 성에 대한 이야기를 나누는 걸 어려워합니다. 뿐만 아니라 일상 대화를 나누는 시간도 조금씩 줄어드는데요. 사회적으로 성 행동 연령이 낮아질수록 양육자가 느끼는 불안감은 더 클 수밖에 없겠죠.

　아이가 자라는 동안 양육자가 아이와 대화하는 분위기를 만들고 신뢰를 잘 쌓았다면 청소년기가 되어서도 아이는 비슷한 양상을 보일 거예요. 하지만 어렸을 때부터 성에 대해 대화하는 것이 불편하고 어색했던 가정이었다면, 청소년기에는 대화가 끊어질 가능성이 다분합니다. 뒤늦게 성교육이 걱정된 양육자가 아이와 어떤 이야기라도 나눠 보고자 이런저런 시도를 해도 갈등만 일어나게 되지요.

　청소년기에는 몸도 마음도 독립하기 위해 고뇌하는 시기입니다. 양육자가 노력해야 하는 부분은 아이 옆에 늘 가족이 있다는 믿음을 주는 일입니다. 아이가 불편해하는데 억지로 대화를 시도하거나, 걱정되는 마음에 너무 많은 것들을 아이에게 알려 줄 필요가 없어요. 이 시기에 성교육이 필요하다면 오히려 전문가 교육을 하는 게 좋습니다. 그리고 양육자는 전문가가 하지 못하는 부분, 아이가 의지할 수 있는 가족이 되는 것에 집중하고 에너지를 쓰는 것이 가장 좋은 성교육입니다.

아기는 어떻게 생겨요?

4세부터 언어 발달이 폭발적으로 이루어지고 자아가 생깁니다. 그리고 성 정체성이 형성됩니다. 그전까지는 별 관심이 없던 아이라도, 남자와 여자가 다르다는 것을 알게 되고 본인이 남자인지 여자인지에도 관심을 가지게 됩니다. 또 점점 자신의 몸과 생명 탄생에 대해 궁금해하는 시기이기도 합니다. 이런 발달 과정을 거치면서 아이는 성에 대한 질문을 엄청나게 합니다. 이때 많이 하는 질문 중 하나가 "아기는 어떻게 생겨?", "아기는 어디로 나와?" 같은 질문입니다.

4세~5세 정도의 아이가 생명 탄생에 대해 질문한다면, 어떻게 대답하는 게 좋을까요? "엄마의 아기 씨인 난자와 아빠의 아기 씨인 정자가 만나서 아기가 생기는 거야. 난자는 엄마의 몸속에 있는데 밖으로 나올 수가 없어. 정자는 아빠의 몸속에 있는데 움직일 수 있어. 그런데 정자는 몸 밖에 있으면 금방 죽는대. 그러니까 아빠의 몸에서 바로 엄마의 몸으로 전달해야 하는 거야" 하는 정도로만 이야기해 줘도 충분해요. 이 시기의 아이들은 말로만 설명하면 오히려 혼란스러워하거나 어려워할 수 있기 때문에 그림책을 보고 천천히 설명하는 것이 훨씬 효과가 좋습니다.

6세~7세 정도 아이들은 어떻게 대답하면 좋을까요? 어린이집이나 유치원에 성교육 강연을 가면 아이들에게 꼭 하는 질문이 있어요. "얘들아, 아기는 어떻게 생길까?" 그럼 아이들이 대답합니다. "엄마랑 아빠가 손을 꼭 잡고 잠을 자면 아기가 생겨요!" 여기에서 그냥 넘어갈 수 없죠. 그래서 다시 한번 질문을 해요. "아 진짜? 그럼 손을 꼭 잡고 잠만 쿨쿨 자면 아기가 생기는 거야?" 아이들은 재미있다는 듯이 까르르 웃으면서 대답해요. "아니죠, 선생님~ 잠만 자면 아기가 안 생겨요!"

아이들은 알고 있어요. 정확하게는 모르지만 느낌적인 느낌으로 그냥 잠만 자는 것만으로는 아기가 생길 수 없다는 것쯤은 알고 있어요. 그래서 4세~5세보다는 조금 더 구체적으로 알려 주는 것이 좋습니다.

"그러니까 정자가 몸 밖에 있다가 죽지 않도록 아빠의 몸에서 바로 엄마의 몸으로 전달해야 하는 거야. 그런데 난자가 있는 곳으로 가려면 엄마의 질을 통해 자궁으로 들어가야 해. 아빠의 정자는 고환이라는 곳에서 음경을 통해 나와. 그런데 몸 밖에 오래 있으면 안되니까 아빠의 정자가 엄마의 난자에게 무사히 가려면 음경에서 질로 바로 전달해 줘야 하는 거야."

이렇게 말하면 됩니다. 이 시기에도 그림책을 보면서 설명하는 것이 좋아요.

만약 아이가 유아기였을 때 예시처럼 설명을 충분히 잘해 준 상태라면, 초등학생일 때는 성관계 그림을 보면서 설명해도 됩니다. 그렇지 않다면, 저학년 때라도 유아기 때처럼 충분히 설명해 주고 4학년~5학년 정도가 된다면 그림을 보여 주면서 성관계에 대해 말해 주면 됩니다.

보통 성행위에 대한 것만 설명하려고 하는데. 정자와 난자가 만나는 것이 얼마나 신중하고 많은 준비가 필요한지에 대해서도 꼭 말해 줘야 합니다.

초등학교 3학년~4학년 이상이라면 성관계 자체가 궁금한 경우가 많습니다. 정자와 난자가 만나서 아기가 되는데 도대체 어떻게 만나는지가 궁금한 거지요. 그런데 초등학교 저학년까지의 아이들은 생물학적으로 정자, 난자가 어떻게 만나는지에 대한 궁금증보다는 "나는 어디서 온 걸까?"라는 좀 더 본질적이고 철학적인 궁금증이 있다고 해요.

그렇기 때문에 아이에게 정자와 난자가 만나는 것을 설명하는 것도 중요하지만, 중간중간 아이를 임신했을 때 경험하고 느꼈던 것들, 임신 과정에서 있었던 수많은 행복한 추억과 기적 같은 일들을 말해 주는 것도 좋아요. 그러면 아이는 본인이 얼마나 사랑스럽고 고귀한 존재인지, 생명 탄생이 얼마나 많은 준비와 사랑이 필요한 일인지 느끼게 될 거예요. 물론, 이런 이야기를 나눌 때도 편안한 분위기가 필수라는 것, 꼭 기억해 주세요!

대화의 힘
(하브루타 성교육)

이 책의 초반부터 가정 성교육의 핵심은 '대화'라고 계속해서 강조하고 있어요. 왜 이렇게 대화가 중요한지 그 이유에 대해 한번 제대로 이야기해 보려 합니다.

사람들은 대화를 통해 자신의 생각을 표출할 뿐만 아니라 타인의 생각을 수용하고 배우기도 합니다. 나아가 정서적 교류를 하기도 하고요. 그래서 양육자와 아이 간의 대화도 정말 중요합니다. 대화를 어떻게 하느냐에 따라 아이의 사회적 기술, 언어 능력, 정서적 안정감, 학습 능력 등 많은 부분이 달라질 수 있기 때문입니다.

세계 인구의 0.25%에 불과하지만 노벨상 전체 수상자의 27%를 차지하고 미국 억만장자의 40% 이상이 유대인이라고 해요. 전 세계적으로 그들의 영향력은 막강합니다. 극소수의 유대인들이 세계 곳곳에서 영향력을 미치고 있는 이유가 무엇일까요? 많은 전문가들은 그들의 교육법에 해답이 있다고 생각했습니다.

그중에서도 유대인 가족들이 아주 중요하게 생각했다는 '가족 간의 대화'를 잘 살펴볼 필요가 있어요. 일상 대화뿐만 아니라 일주일에 하루는 꼭 모든 가족이 모여 저녁을 먹으면서 깊은 대화를 나누는 시간을 가진다고 하는데요. 유대인들은 아주 오래 전부터 대화의 힘을 믿었기 때문입니다.

여러분들의 식사 시간은 어떤가요? 아이가 어릴 경우, 대화는커녕 아이를 케어하느라 양육자가 밥을 못 먹는 경우도 있습니다. 아이들이 조금 크면 어떨까요? 양육자가 일방적으로 아이한테 잔소리를 하거나 혼내는 시간이 늘어나지요. 아이가 청소년이 되면 어떤가요? 각자 조용히 밥을 먹거나 밥 먹으면서 스마트폰이나 TV를 보는 경우가 많습니다. 이렇게 일상적인 대화조차 잘 이루어지지 않기 때문에 성에 대한 대화는 더 어려울 수밖에 없어요.

가정 성교육은 대화가 바탕이 되어야 합니다. 대화를 통해 아이가 성에 대해 어떻게 생각하는지 물어보고 잘못된 생각이나 다르게 생각하는 부분이 있다면 토론하는 것도 좋습니다. 사회적으로 이슈가 되고 있는 성 관련 주제들에 대해 함께 고민하고 논쟁하는 것도 의미 있는 일입니다. 이런 대화법을 하브루타 대화법이라고 합니다. 서로 질문, 대화, 토론, 논쟁하면서 서로에게 배워 가는 것을 의미하지요. 가족들 간에 하브루타 대화법을 활용하여 성에 대해 이야기할 수 있다면 그것이 바로 하브루타 성교육이면서 곧 효과적인 가정 성교육이 될 수 있습니다.

그런데 아이와의 대화, 생각보다 쉽지 않죠. 유대인들은 어떻게 아이들과 대화를 잘할 수 있을까요? 그들에게는 아주 중요한 믿음이 하나 있다고 하는데요. 유대인들은 아이를 자신의 소유물로 보지 않는다는 거예요. 아이를 '신이 보내 주신 선물'이라고 생각한다고 해요. 그런데 신이 양육자에게 준 선물이 아니라 '신이 잠시 맡긴 선물'이라고 합니다. 최선을 다해서 지혜롭게 키운 후에 사회로 다시 보내야 하는 선물이기에 아이를 소유물로 생각하거나 함부로 대하지 않으려고 노력한다고 합니다.

이러한 유대인의 태도에서 우리가 배울 점이 있습니다. 아이와 제대로 된 대화가 하고 싶다면 아이를 미성숙하고 아무것도 모르는 존재로 보는 것이 아니라 동등한 존재로 보는 기본 태도를 양육자들이 갖춰야 한다는 거예요. 기본적으로 이런 마음가짐이어야 아이가 말할 때 경청할 수 있고 티키타카가 가능합니다.

모든 사람에게는 배울 점이 있습니다. 아이들에게도 배울 점이 있어요. 뭐든 어른이 더 낫다고 생각하면 안 됩니다. 그리고 어른들의 말이 맞다고 우기면 안 돼요. 인정하고 싶지 않겠지만, 어쩔 때는 아이들의 말이 백번 맞을 때도 있잖아요. 그러니 아이를 동등한 입장으로 보고 아이의 말에 귀 기울여 주세요. 밥 먹는 시간뿐만 아니라 평소에도 누구 목소리가 가장 큰지, 누가 말을 제일 많이 하는지 살펴보세요. 혹시 양육자가 제일 말을 많이 하고 목소리가 크다면, 아이들은 대화의 힘을 믿지 않을 거예요. 그리고 점점 입을 닫게 될 거예요.

아이와 대화할 때 두 가지 질문을 기억하세요. "너는 어떻게 생각하니?"와 "왜 그렇게 생각하니?"를요. 아이의 생각과 마음에 호기심을 품고 물어봐 주세요. 물어봤으면 대답을 기다리고 경청해 주고요.

대화의 힘은 위대합니다. 대화는 언제나 옳다고 생각해요. 가정 성교육은 일방적인 교육이 아니라 '대화'라는 것을 다시 한번 기억해 주세요. 아이와 일상 대화를 하면서 성에 대해서도 이야기하고, 의견이 다르다면 토론도 해 보길 추천합니다. 온 가족이 둘러앉아 성에 대해 편하게 대화할 수 있는 분위기를 만든다면 가정 성교육은 성공할 수 있습니다.

Q. 부부간에 성인지 감수성 정도가 달라 성평등 교육을 하는 데 어려움이 있어요. 어떻게 하는 게 좋을까요?

성교육의 모든 부분이 그렇긴 하지만 특히 성인지 감수성은 양육자의 영향을 굉장히 많이 받아요. 하지만 부부 간에 대화로도 풀리지 않는 부분이 있을 수 있어요. 그럴 때는 아이의 의견도 들어보세요. 가족이 모두 모여 성평등에 대해 이야기하거나, 우리 가족은 평등한 가족인지 토론해 보는 것도 도움이 됩니다.

Q. 동성연애를 개방적인 태도로 가르쳤을 때 우리 아이가 동성애자로 자라날까 봐 걱정돼요.

사회적으로 이슈가 되고 있는 성 관련 주제들이나 아이들에게 설명하기 어려운 주제를 다룰 때는 더더욱 아이들에게 뭔가를 가르친다기보다 함께 대화한다고 생각해 보세요.

그리고 있는 그대로 팩트만 전달해 주면 됩니다. 그걸 해도 된다, 안 된다 / 옳다 , 그르다 / 찬성, 반대 / 개방, 보수의 틀로 대화하지 않는 게 좋습니다. 이런 대화는 허락, 반대로 이해하기 쉽거든요. 아이와 함께 생각해 보는 것이 중요합니다.

Q. 아이가 초등학교 고학년인데 성교육 적기를 놓친 건가요?

고학년이면 고학년에 맞는 성교육 내용이 있고, 청소년은 또 청소년에 맞는 내용이 있어요. 좀 더 일찍 해 주었으면 좋았겠지만 지금이라도 성교육이 필요하다고 생각하고 함께하려는 양육자의 태도가 가장 중요합니다. 늦었다고 생각하지 말고 지금 바로 시작하세요.

Q. 어릴 때부터 대화가 많지 않았던 가정이라, 초등학교 고학년인 아이와 대화가 쉽지 않아요. 지금이라도 아이와 제대로 대화를 하고 싶은데 뭐부터 시작해야 할까요?

가벼운 대화부터 시작하세요. 특히 성 관련 대화는 일상 대화가 자연스럽게 되는 관계에서 할 수 있거든요. 아이가 요즘 무엇에 관심이 있는지, 어떤 것들을 좋아하는지, 친구들과는 어떤 이야기를 하는지, 스마트폰으로 어떤 재밌는 것들을 하는지 등 아이의 일상에 관심을 가지세요.

그리고 잔소리하지 않기! 대화가 잔소리가 되는 건 한순간이에요. 말을 많이 하기보다 아이 말을 경청하는 연습부터 하는 게 대화의 시작입니다.

Q. 아이가 초등학교 고학년인데 샤워 후 알몸으로 돌아다녀요. 보기가 좋지 않은데 뭐라고 말하면 좋을까요?

성교육이라기보다 매너의 문제로 생각하면 됩니다. 그런 행동이 성적인 부분보다는 다른 가족들을 존중하지 않는 행동이라고 알려 주세요. 가족들이 서로의 몸을 보고 싶어 하지 않으므로 최소한의 옷은 입고 나오도록 가족 규칙을 함께 세워 보세요.

누군가 원하지 않는다면 내가 불편하더라도 조금씩 양보해야 한다고, 그것이 '존중'이라고 꼭 알려 주세요. 그리고 "네가 미워서가 아니라 존중하는 의미에서 몸을 보지 않으려고 하는 거야"라는 말도 덧붙이면 좋겠네요.

Q. 부모의 관계 장면을 아이에게 들켰어요. 아이도 당황해서 못 본 척하는 거 같은데 그래도 얘기를 나눠 봐야 할까요?

명확하게 눈이 마주쳤거나 서로 알고 있다면 대화는 반드시 하고 넘어가야 해요. 아이가 어리거나 잠결에 본 거라고 해도 직접적인 언급은 하지 않아도 성교육을 해 주는 게 좋습니다.

"혹시 저번에 밤에 자다가 엄마, 아빠 방에 왔을 때 기억나니? 그때 무슨 일이 있었는지 기억나?"라고 물어보세요. 아이가 이야기하기 싫어한다면 억지로 그 이야기를 꺼내서 언급할 필요는 없습니다. 다만 이런 경우 성교육이라도 꼭 시켜 주세요. 아이가 기억한다면 어떤 생각이 들었는지 물어봐 주세요. 일방적으로 설명하기보다 아이의 감정과 생각을 물어보는 것이 중요합니다.

Q. 종종 친지 어르신들이 아이가 예쁘다고 막 뽀뽀하고 껴안으세요. 경계존중을 가르치고 있는데, 일관된 태도를 위해 어르신께 따로 말씀을 드리는 게 좋을까요? 너무 어려워요.

네! 꼭 말씀드리세요! 양육자는 경계를 존중해야 된다고 가르치면서 친지 어른들이 하는 행동을 양육자가 제지하지 않는다면 아이는 혼란스러워할 거예요. 특히 아이가 그런 어른들의 행동에 불쾌해한다면 더더욱 빨리 개입해 주세요.

양육자 입장에서도 어른들께 하지 말라고 말씀드리는 게 그리 쉽고 편한 일은 아닐 거라 생각합니다. 하지만 아이가 가족으로부터 경계를 존중받아야 밖에서도 존중받을 수 있고 침범당했을 때 알아차릴 수 있어요. 아이 앞에서 이야기하면 아이가 불편한 분위기에 내심 곤란함을 느낄 수 있으니 아이가 없는 자리에서 따로 이야기하는 게 좋습니다.

Q. 성교육으로 아이들이 너무 일찍 성에 눈을 뜰까 두려워요.

성교육을 잘못한 경우, 아이들이 성에 일찍 눈을 뜰 수도 있겠지요. 하지만 올바른 성교육이라면 아이들에게 단순한 성적 자극만을 주지는 않습니다.

아이들이 살아가는 환경에서 위험한 성적 자극이 얼마나 많은가요? 학교 끝나고 집에 가는 길에 보이는 술집들, 학원 가는 길에 보이는 숙박업소들, 심지어 어떤 동네에는 큰길에 있는 성인용품점까지. 온라인 세상은요? TV는 어떤가요?

성교육과 상관없이 우리 아이들은 매일 매 순간 성적 자극을 받고 있습니다. 이런 성적 자극에서 자신에게 도움이 되는 것과 되지 않는 것을 구분하고, 진짜 건강한 성과 가짜 성을 구분하는 분별력을 갖게 하는 것이 바로 성교육입니다. 성교육은 건강하고 안전하게 살아가기 위해서 기본적으로 알아야 하는 것, 타인을 존중하고 기본 권리를 침해하지 않기 위해 노력해야 하는 것, 스스로 자기 몸과 마음의 주인이 되어 주체적으로 살아가는 힘을 가지게 하는 교육입니다.

PART 3

여성의 몸 바로 알기

정선화 산부인과 전문의

양육자부터
제대로 알아야 할
여성의 몸

        진료를 하다 보면 많은 여성분들이 성인임에도 불구하고 우리 몸의 정확한 명칭이나 해부학적 구조에 대해 전혀 알지 못한다는 느낌을 받습니다. 이런 점 때문에 때론 의사소통이 잘 안 되고, 환자 역시 자신의 불편함을 정확하게 설명하지 못할 때도 있어요.

  이럴 때마다 학교에서 하는 성교육의 한계를 느끼곤 합니다. 난자와 정자가 만난다는 이야기만 주구장창 떠들어대면서 오히려 여성과 남성의 구체적인 신체 차이, 구조의 명확한 명칭을 알려 주지 않는 것이 참으로 안타깝습니다.

성교육을 하려면 어른들부터 본인의 몸과 성에 대해 명확히 알아야 합니다. 간혹 '고추', '짬지', 최근에는 '소중이'로 뭉뚱그려서 생식기를 언급하는데 이는 사실 좋은 방법이 아니에요. 부드러운 표현이라고 생각해 많이 쓰지만 정확한 용어 사용을 추천합니다. 우리 신체 어느 곳 하나 소중하지 않은 곳은 없어요. 나의 허락 없이는 누구도 내 신체의 어떤 부위도 함부로 대할 수 없어요. '소중이'는 그런 표현과 반대되는 지점이죠.

또한 이런 표현들은 생식기와 관련된 이야기를 음지에서만 이야기하도록 분위기를 조성합니다. 정확한 용어로 생식기를 표현하는 문화는, 양지에서 생식기를 자연스럽게 언급하는 상황을 가능케 하

여성의 외생식기

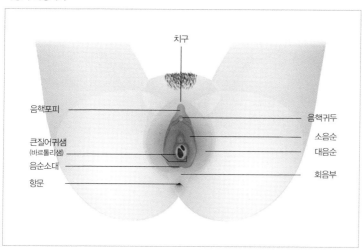

고 또 신체 구조를 이해할 수 있게 합니다. 그러기 위해서 우리 모두가 정확한 신체 부위의 명칭을 알아야 해요. 언어가 가진 힘을 결고 무시할 수 없으니까요.

여성의 생식기는 외생식기와 내생식기로 나뉩니다. 외생식기는 크게 겉의 피부로 이루어져 있는 대음순이 있고 대음순과 질을 경계 짓는 날개 형태의 소음순이 양쪽에 존재해요. 맨 꼭대기에 음핵 포경이 음핵을 덮고 있으며 음핵과 소음순 안쪽에 소변을 배출하는 요도가 있습니다. 요도의 아래쪽에 질 입구가 존재하고 질은 약 8cm~10cm까지 원통 형태로 자궁경부까지 이어집니다. 사실 외생식기는 진짜 생식기가 아니랍니다. 실제 생식능력을 지닌 것은 안

자궁의 구조

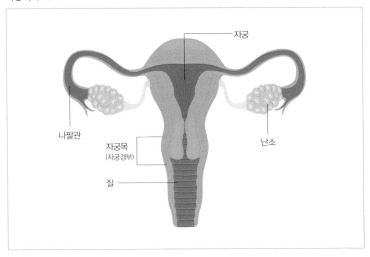

쪽의 내생식기인 자궁, 난소, 난관이에요. 마치 사람이 양쪽 팔을 펼치고 있는 형태를 하고 있는데 자궁의 크기는 주먹 정도의 크기로 보시면 됩니다. 골반강 깊은 곳에 위치하고 있으며 양쪽에 나팔관과 난소가 이어져 있습니다. 나팔관은 정자와 난자가 만나는 오작교 역할을 하며 여기서 만나 생긴 수정란이 대략 5일~6일간 데굴데굴 나팔관을 이동하여 자궁 내막에 착상을 하게 되는 겁니다.

자, 어떠세요? 이렇게 차근차근 우리 몸을 바라보니 좀 달리 보이지 않나요? 여전히 우리의 생식기가 음지에서만 수치스럽게 봐야 할 대상으로 보이나요?

특히 여성들은 신체 구조상, 자신의 생식기를 보기가 어려워 더욱더 생식기에 대해 수치스러워하는 경향이 많아요. 또 포르노를 통해서 생식기를 보는 경우가 대부분이기 때문에 여성들조차 성 착취가 이루어지는 시선으로 자신의 것을 바라보는 경우가 많습니다. 이런 부분이 너무 안타까워요. 어른들조차 자신의 생식기를 부끄러워하고 수치스럽게 여기는데 이런 우리가 아이들에게 과연 제대로 된 성교육을 할 수 있을까요?

저는 우리 모두가 본질을 보기를 원합니다. 그러려면 제대로 대면하려는 용기와 정확한 지식이 반드시 필요합니다. 성교육과 성범죄 예방은 여기서부터 시작합니다. 이제부터 저와 함께 우리의 몸에 대해서 터놓고 이야기해 보도록 합시다.

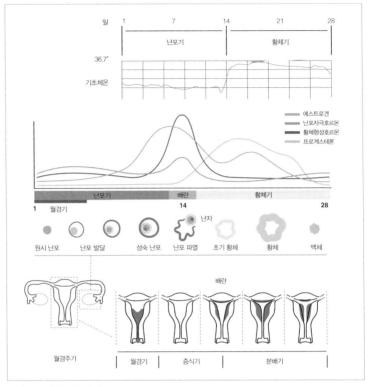

월경 주기와 호르몬 변화

월경이란?

    월경 시 나오는 월경혈의 1/3은 혈액이고, 2/3은 자궁내막 조직입니다. 초경 후 약 2년간은 무배란성 출혈이 대부분이지만, 2년이 지나면 정상 월경의 범위에 맞는 양상을 보이게 됩니다.

정상 월경 주기는 21일~35일, 기간은 2일~6일(평균 4.7일), 양은 20mL~60mL(평균 35mL)를 보입니다. 내 월경량이 정상인지 아닌지 알기 위해서는 생리대를 몇 시간마다 교환하는지(정상은 3시간 이상), 한 주기에 생리대를 몇 개 사용하는지(정상은 21개 이하), 밤에 생리대를 교환하는지(보통은 드물게 교환함), 혈전의 크기는 어떠한지(보통은 2.5cm이하), 빈혈이 있는지(보통은 빈혈이 발생하지 않음) 등을 확인해 보세요.

　하루에 사용하는 생리대 개수는 3개~5개 정도를 정상으로 볼 수 있고, 탐폰은 6mL~15mL, 생리대는 1mL~994mL의 월경혈을 흡수한다고 보고되고 있어요. 초경을 시작하고 약 2년 동안 그리고 폐경 전에는 불규칙한 주기를 보이는 경우가 많은데 이는 정상적인 현상이랍니다.

월경통

　월경통은 월경에 동반되는 하복부 통증을 말합니다. 발생 원인에 따라서 일차성 월경통과 이차성 월경통으로 구분할 수 있습니다.

　일차성 월경통은 쉽게 말해 산부인과 진료상 특별한 질환을 동반하지 않은 주기적인 통증입니다. 일반적으로 배란과 밀접한 관련이 있습니다. 보통 초경 이후에는 월경을 시작해도 배란이 거의 되지 않는 무배란성 월경이 나타나는 시기인데 이때는 월경통의 빈도가 드문 것으로 알려져 있습니다. 이후 배란이 되는 시기가 되면서 월경통이 함께 발생하게 되죠.

이차성 월경통은 산부인과적 질환이 원인이 되어 나타나는 월경통이며, 배란이 나타나지 않은 월경 주기에도 발생할 수 있어요. 자궁내막증, 자궁근종, 자궁선근증, 자궁내막 용종, 골반염, 자궁내 장치, 자궁기형과 같은 다양한 해부학적 변화가 그 원인이 됩니다. 진료를 통해 원인을 알아냈다면 치료를 하는 게 좋겠지요.

청소년을 대상으로 한 국내 보고에 따르면 월경통의 빈도는 전체 청소년의 약 80%, 미국과 스웨덴의 경우는 약 60%~72% 정도 발생한다고 보고됩니다. 일반적으로 월경을 하는 여성의 반 이상이 월경통을 겪는 셈이죠. 월경통이 심한 정도에 따라서 삶의 질이 저해되기도 하는데 보통 청소년기에는 일차성 월경통이 대부분이나, 때때로 난소종양과 같은 문제가 있을 수 있으므로 월경통이 심한 경우에는 반드시 산부인과 진료를 받아야 해요.

그렇다면 질환 때문이 아닌 일차성 월경통은 왜 발생하는 걸까요? 일차성 월경통은 자궁내막에서 증가된 '프로스타글란딘'이라는 호르몬이 자궁근육의 주기적인 수축 및 허혈성 통증을 일으키기 때문에 발생합니다. 두통, 발한, 빈맥, 오심, 구토, 설사 등과 같은 증상들이 동반될 수 있고요. 보통 초경 이후 3년 이내, 연령대로는 20세 이전에 발생하는 경우가 많습니다. 따라서 20세 이후에 발견되는 월경통은 원인이 있는 이차성 월경통을 의심해 볼 필요가 있습니다. 그러나 20세 전이어도 지속적인 월경통으로 일상생활에 지장이 있는 경우에는 산부인과 진료를 받아야 합니다.

그렇다면 뚜렷한 질환이 있는 게 아닌 일차성 월경통은 치료 방법이 없는 걸까요? 다행히도 치료 방법이 있습니다. 프로스타글란딘이 월경통의 주된 원인이니까 프로스타글란딘의 합성을 막는 방법을 써 볼 수 있답니다. 바로 '프로스타글란딘 합성효소 억제제'라는 약물치료를 시행할 수 있어요. 또한 복합경구피임약도 치료 방법 중 하나예요. 피임뿐 아니라 월경통을 완화시키기 위한 치료제로도 많이 쓰입니다. 원리는 자궁내막의 증식과 배란을 억제해서 프로스타글란딘의 생성을 최소화시키는 방법이에요. 프로스타글란딘 합성효소 억제제와 복합경구피임약을 함께 사용해도 괜찮습니다.

질 분비물

일반적으로 자궁경부와 질 안에는 분비물을 만들어 내는 세포들이 존재합니다. 정상적으로 생성된 질 분비물은 매일 질 밖으로 흘러나오는 과정을 겪습니다. 이 과정에서 분비물은 오래된 세포나 좋지 않은 세균들을 체외로 내보내는 청소부 역할을 하는데 이는 완전히 자연스러운 과정입니다. 이를 통해서 우리의 질을 건강하고 깨끗하게 유지할 수 있는 것이죠.

하지만 어떤 상황에서는 비정상적인 질 분비물이 나오는데, 비정상이 무엇인지 알려면 정상 질 분비물이 무엇인지부터 명확히 아는 것이 중요합니다. 일단 분비물의 양은 개인마다 조금씩 다를 수 있습니다. 어떤 사람들은 매일 분비가 되기도 하고 반면 어떤 사람들은 양이 적을 수도 있어요. 정상적인 질 분비물이라고 말할 수 있는 것은 보통 맑거나 반투명의 점액질로 우윳빛을 띄기도 합니다. 또한 불쾌하거나 역한 비린내가 나지 않는 은은한 향이 나요. 여성들은 월경 주기에 따라 호르몬의 변화가 급격하게 일어나기 때문에 주기별로 질 분비물의 양상이 변화한다는 것을 아는 것도 중요해요. 색깔과 점도의 변화는 배란과 특히 관련이 있으며 이는 자연스러운 신체 변화입니다.

그러나 주기와 관련된 변화 외의 다른 변화들은 정상적이지 않을 수도 있습니다. 건강한 유산균들의 균형이 깨진 것일 수도 있는데 이는 나쁜 세균이나 바이러스의 감염을 의미하는 신호일 가능성이 높습니다. 그 외에도 다른 전신 질환이 생겼다거나 면역력의 저하를 나타내는 신호일 수도 있고요. 그렇다면 비정상적인 질 분비물을 유발하는 질염에는 어떤 것들이 있을까요?

질염

질염의 종류는 매우 다양합니다. 그러나 그중에서 정말 중요하고 가장 흔한 질병들을 함께 알아보겠습니다. 언젠가 아이가 질염 증상과 관련해 질문을 했을 때, 속 시원하게 대답할 수 있는 양육자가 되면 좋겠지요?

세균성 질증

세균성 질증은 폐경 전 여성들에게 가장 흔하게 나타나는 질염입니다. 물론 폐경기나 소아기에서도 드물게 나타날 수는 있습니다. 이 세균성 질증은 너무 흔해서 질염이 아닌 '질증'이라는 정식 용어를 사용할 정도니 어느 정도 흔한지 아시겠죠?

세균성 질증은 정상 질 세균군의 생태계 변화로 인해 발생하는 질염입니다. 환자들의 질 분비물을 검사해 보면, 질 내의 주된 균주인 젖산균이 감소하고 비호기성균이 과증식되어 있는 특성을 확인할 수 있어요.

보통은 자연발생적으로 세균성 질증이 나타났다가 소멸할 수 있습니다. 성전파성 질환, 즉 성병은 아니라는 뜻이에요. 그렇다면 정상 젖산균이 왜 줄어드는지 궁금할 거예요. 여기에는 여러 원인이 있습니다만, 잦은 질 세척과 잦은 성관계 등에 의해 질 내부 환경이 알칼리화되기 때문입니다. 또 특정 바이러스들에게 공격을 받은 젖산균이 재형성이 안 될 때 비호기성균의 과다 증식이 일어나서 발생할 수 있어요.

성병이 아니라고 하지만, 잦은 세균성 질증은 심각한 부작용을

야기할 수 있기 때문에 치료가 요구되는 질염입니다. 치료를 하지 않고 방치할 경우 골반염, 자궁경부 세포의 이상, 여러 부인과 시술 후 골반염 및 질염 등의 빈도가 높아지며, 임산부에게는 조산, 태아 감염 등의 빈도가 높아지게 됩니다. 따라서 미리미리 적절한 항생제로 치료를 해야 하지요.

그렇다면 어떤 증상들이 있을 때, 세균성 질증을 의심할 수 있을까요? 대표적인 증상이 바로 생선 비린내가 나는 회백색의 질 분비물입니다. 정상적인 질 분비물은 시큼한 냄새가 나지만, 그게 아닌 역한 비린내가 난다면 세균성 질증을 의심해 봐야 합니다. 흔한 만큼 재발도 잦기 때문에 제대로 치료를 받아야 합니다.

칸디다 질염

혹시 외음부 성기가 가렵고 따갑거나(작열감), 두부나 치즈를 으깨 놓은 것 같은 덩어리진 흰색(또는 초록색, 회색)의 분비물이 관찰되는 질염에 걸린 적이 있나요? 많은 여성들이 이런 증상들을 겪어 보았을 거라고 생각해요. 특히, 피곤하고 몸 컨디션이 떨어질 때 더 자주 발생했던 것 같지 않나요? 이는 바로 '칸디다 알비칸'이라고 하는 곰팡이(진균)가 원인인 '칸디다 질염, 외음부 및 질 칸디다증'으로 진단할 수 있습니다.

외음부 및 질 칸디다증은 1849년 윌킨슨에 의해 처음 보고된 것으로, 현재 여성 질염의 가장 흔한 원인 중 하나입니다. 냉이 나온다고 호소하는 여성들은 비임산부 중 10%, 그리고 임산부 중에서는 약 1/3의 빈도를 차지합니다. 최근에는 발생 빈도가 점점 증가하는 추세예요.

무엇보다 양육자들이 가장 걱정하는 것은 바로 "칸디다 질염도 성관계로 전염되나요?"와 같은 질문이 아닐까 싶은데요. 다행히 칸디다 질염은 성병(성전파성 질환)이 아닙니다! 즉, 파트너까지 치료받아야 할 필요가 없다는 뜻이지요.

칸디다 질염은 증상이 매우 독특합니다. 생식기관의 상피세포에 바이러스의 침범 정도가 적은 경우에도, 소양감과 염증이 광범위한 영역에서 일어나게 되는데 아마도 '세포외 독소 또는 효소'가 이 질환의 병리에 관여하고 있다는 이야기가 있어요. 이에 대한 과민반응도 외음부 및 질 칸디다증에 관련된 자극성 증상의 원인이 될 수 있다고 합니다.

성병도 아닌 칸디다 질염의 원인은 무엇일까요? 쉽게 생각하면 이 질염은 면역력이 떨어진 상태에서 발생하기 쉽다고 보면 됩니다. 그래서 재발이 잦은 경우 만성피로 상태나 면역 저하 질병이 있는 상태들이 많아요. 좀 더 자세한 원인을 알아보면 다음과 같습니다.

- 임신: 타인의 유전자가 포함된 아기를 몸 안에서 키워야 하는 상태라 면역이 대체로 저하되어 있어요.
- 당뇨병: 전신 질환 중 대표적인 질환이죠. 당뇨 환자들은 면역이 저하되어 있어서 온갖 감염에 취약해요.
- 광범위 항생제의 남용: 내성이 생기니 곰팡이들이 활개를 치겠죠.
- 질의 위생 상태가 불량한 경우들
  - 칸디다가 존재하는 대변에 의한 오염: 변을 본 후 앞에서 뒤로 닦으세요.
  - 구강: 오럴 성교로도 전파가 가능합니다. 어쨌든 직접 접촉이 되면 옮을 수 있어요.
  - 남성 성기: 남성도 칸디다에 감염될 수 있어요. 칸디다는 피부에도 존재할 수 있습니다.
  - 잦은 질 세척: 너무 깨끗해도 질 내부 유익균들이 다 죽어버릴 수 있어요.
  - 위생이 불량한 속옷: 깨끗한 속옷으로 자주 갈아입어 주세요.
  - 위생이 불량한 수건: 칸디다 균을 보유한 사람이 사용한 것을 쓰면 옮을 수 있어요.
  - 성관계: 성관계 자체가 질 내부의 pH를 변화시킬 수 있고, 성병은 아니지만 칸디다가 묻을 수 있습니다.

칸디다 질염은 외음부 및 질 안쪽이 매우 가렵거나 작열감이 심하게 나타날 수 있습니다. 아주 대표적인 증상인데요. 그 외에도 으깨 놓은 두부처럼 치즈 형태의 질 분비물, 성교통, 배뇨 통증 등이 있습니다. 진찰해 보면 질의 홍반과 부종도 관찰할 수 있어요. 분비물 색깔은 흰색에서 녹색, 회색까지 다양합니다.

칸디다 질염은 면역력 저하에 의해 발생하는 경우가 대부분이고 무증상도 많아서 증상이 있을 때만 치료를 해야 하는지, 또는 무증상 질염도 치료를 해야 하는지에 대해서는 아직도 논란이 있습니다. 하지만 임산부에 한해서는 신생아의 진균 감염을 방지하기 위해 치료를 적극적으로 시행합니다. 국소 치료(질정)로 7일간 시행해요. 그 외에는 연고와 경구약도 있습니다.

치료에도 불구하고 증상이 지속되거나 증상 발현 후 2개월 이내에 재발할 경우 다시 병원을 방문하는 것이 좋아요. 검사상으로 1년에 최소 3회의 칸디다 질염이 발병하면 이때는 '만성 재발성 외음부 및 질 칸디다증'으로 정의할 수 있어요. 주로 면역이 억제된 상태의 분들에게서 쉽게 재발합니다. 그래서 현재 갖고 있는 질환 치료에 더욱 집중하거나, 먹는 약들을 바꾸거나, 끊어야 하는 경우도 발생해요.

종종 내과가 아닌 산부인과에서 당뇨병을 진단해 주는 경우도 있어요. 그래서 저는 칸디다 질염이 자주 발생하는 환자들에게는 특별히 당뇨 검사를 시행합니다. 실제로 당뇨를 진단받고 내과에서 치료를 시작하는 경우도 있어요.

너무 걱정할 만한 질환은 아니지만 가렵고 따끔거리고 리코타 치즈 같은 냉이 나오면 의심해 보고, 산부인과 진료를 꼭 받으시길 바랍니다. 재발이 잘 되므로 평소에도 건강을 잘 챙겨야겠죠?

트리코모나스 질염

질 편모충이 주 감염원이에요. 생식기에 주로 기생하면서 성 접촉을 통해서 전파됩니다. 주로 질과 요도를 통해서 감염되는 것으로 대표적인 성병 중 하나입니다. 감염 여성 중 90%나 요도까지 감염이 되고, 임신 시에는 조산할 위험이 높기 때문에 적극적으로 치료해야 합니다. 앞서 말씀드렸다시피 성병이기 때문에 다른 성병인 임질과 클라미디아 염증에 대한 검사가 동반되어야 하며 매독과 인간면역결핍바이러스HIV에 대한 피검사도 시행해야 해요.

증상은 다량의 노란 콧물 같은 화농성의 냄새가 나는 분비물이 나오는 게 대표적입니다. 질 분비물에 기포가 많은 것도 특징이에요. 또한 칸디다 질염처럼 작열감과 가려움증도 심한 편입니다. 진찰을 하게 되면 질이나 자궁경부에 발적과 부종도 관찰되고요. 약물치료를 적극적으로 시행해야 하고 반드시 성 파트너도 함께 치료해야 합니다. 무증상이 될 때까지 섹스는 피해야 하고요.

위축성 질염은 폐경기 여성에게 발생하는 것으로 가장 중요한 여성 호르몬인 에스트로겐이 감소하면서 발생합니다. 정상적인 질 환경을 만들기 위해서는 에스트로겐 분비가 필수인데요. 폐경이 되면 더 이상 에스트로겐이 분비되지 않고 질과 외음부 점막에 위축이 오게 되면서 성교통과 성교 후 출혈을 호소하게 됩니다. 진찰상으로는 외음부 상피가 위축되고 질 주름이 손실된 상태를 확인할 수 있어요.

결국 에스트로겐 결핍이 주 원인이기 때문에 에스트로겐 호르몬을 주입하는 것으로 치료를 시행합니다. 질 근처에 국소적으로 에스트로겐을 써도 증상이 완화되지만 심한 경우에는 경구용 호르몬제를 복용해야 할 수도 있어요.

성기 씻는 법

여성의 성기는 흐르는 깨끗한 물로 씻되 비누로 빡빡 씻을 필요는 없어요. 단, 여성청결제를 사용하는 것은 도움이 될 수 있는데 안쪽이 아닌 겉에만 사용하시는 것을 권장해요. 일주일에 2번~3번 정도만 사용하는 것이 좋겠네요. 또한 앞에서 뒤로 씻는 것이 아무래도 항문 쪽의 대장균들이 외음부로 침범하는 것을 막을 수 있기 때문에 방향에도 신경을 쓰는 것이 좋아요.

씻은 후에는 수건으로 문지르기보다 톡톡 물기를 말려 주듯이 닦는 것이 좋습니다. 또한 너무 꽉 끼지 않는 속옷을 입는 게 습기가 차지 않고 통풍이 잘되므로 질염 예방에도 좋습니다. 그러니 속옷에도 신경을 써야 해요. 매일 속옷을 갈아입을 수 있도록 교육하는 것도 잊지 마세요.

올바른 자위 습관

흔히 자위라고 하면 음란물을 일컫는 성 착취물을 보면서 흥분도를 올리고 성기를 만지거나 문지르는 행동을 일컫지만, 사실 이는 건강한 성 활동의 관점에서 올바른 방법이 아닙니다. '성 착취물'이라는 것 자체가 철저히 남성 위주의 시각으로 연출된 콘텐츠입니다. 또한 이런 것들을 접할수록 점점 더 강한 자극을 주는 것들을 찾게 되는데요. 이는 현실에서 성관계를 하는데 있어 성적 흥분이나 사정의 역치를 너무 높여 버리는 상황을 만들 수 있습니다. 그렇다면 아이들에게 알려 줘야 할 올바르고 안전한 자위 방법에는 어떤 것이 있는지 알아보도록 합시다.

안전한 자위 방법

① 손과 성기를 깨끗하게 씻는다

자위는 나 자신과의 섹스입니다. 몸의 구석구석을 탐색하는 과정이기 때문에 비위생적인 손으로 신체의 예민한 부위를 만지게 되면 오히려 질염과 요도염의 원인이 될 수 있어요. 위생은 가장 기본적인 요소랍니다.

② 성 착취물을 보지 않고, 내 몸에 집중한다

앞서 말했지만 성 착취물로 나의 성욕을 촉진시키지 않는 게 중요한 포인트예요. 약간의 에로틱한 영화 정도는 괜찮아요. 내가 좋아하는 대상이나 성적 환상을 머릿속에 그리면서 천천히 내 몸의 부위 및 성기를 만지며 어느 부위에서 더 좋은 느낌이 드는지 탐색을 하는 거죠.

좋은 느낌을 느긋하게 유지해 보기도 하고 어떤 자세에서 더 좋은 느낌이 드는지, 어느 부위를 만졌을 때 더 좋은지를 찾아가는 일종의 '내 몸 보물찾기' 과정에 온전히 몰입해 보세요. 절대 서두를 필요가 없습니다. 모든 감각을 온전히 느낄 수 있는 시간을 갖는 것이 중요합니다.

이 과정에서 오르가슴에 다다를 수도 있고 단순하게 좋은 느낌에서 끝날 수도 있습니다. 모든 섹스에서 반드시 강렬한 오르가슴에 도달해야만 하는 건 아니에요. 섹스를 하기 전의 감정 교류, 전희 등 모두 섹스의 일부분이기 때문에 자위에서도 오르가슴에 도달하는 것만을 목표로 삼는 건 좋은 방법이 아닙니다.

대표적인 성감대는 바로 성기죠. 남성은 음경, 여성은 클리토리스에서 성감을 느끼는데 그렇다고 꼭 음경이나 클리토리스에만 집중할 필요는 없어요. 우리 몸에는 많은 성감대가 존재합니다. 뜻밖의 부위에서 기분 좋은 느낌을 발견할 수 있을지도 몰라요.

③ 혼자 있을 때 편안한 시간과 장소에서 한다

누군가에게 쫓기듯이 화장실에서 급하게 하고 나온다든가 타인에게 노출될 수 있는 시간과 장소에서 자위를 하는 것은 피하는 것이 좋습니다. 내 몸 어디가 성감대인지 탐색하는 과정에서는 집중력도 꽤 필요합니다. 오로지 나만의 시간을 확보하고 제대로 준비가 된 상태에서 하도록 하세요.

기본적으로 우리의 성 반응이 정상적으로 일어나기 위해서는 자율신경의 도움이 필요합니다. 자율신경은 교감신경과 부교감신경으로 나눌 수 있어요. 교감신경이 활성화되는 상황은 일반적으로 누군가에게 쫓기는 상황을 상상하면 됩니다. 긴장해서 소화도 안 되고 불안하고, 도망칠 생각만 하는 것이 바로 그러한 상황이라고 볼 수 있습니다.

반대로 느긋하게 늘어지고 소화도 잘되고 편안한 상황이 바로 부교감신경이 활성화된 상황이에요. 오르가슴과 같은 성감을 느낄 수 있게 해 주는 것이 바로 부교감신경입니다. 이 부교감신경이 활성화되면 여러 기쁨을 느끼는 호르몬들의 분비도 활성화됩니다. 우리가 오르가슴을 느끼기 좋은 상태가 되도록 혈관이 확장하는 등 여러 신체 반응을 유도하는 거죠.

성적 쾌감을 얻기 위해 하는 자위인데 불안한 상태에서, 타인에게 침범받을 수 있는 시간과 장소에서 한다면 제대로 즐거움을 얻기가 어려울 수 있어요. 부교감신경이 활성화될 수 있도록 여유로운 시간과 편안한 상황을 모두 준비한 다음 온전히 내 몸의 반응에 집중해 보세요.

④ 자위가 끝난 후에 생식기와 손을 깨끗이 씻고 흔적을 정리한다

자위가 끝나면 땀이나 정액, 질 분비물과 같은 여러 분비물들이 주변이나 손에 묻게 됩니다. 자위는 곧, 나 자신과의 섹스라고 말씀드렸죠? 따라서 자위가 끝나면 그 흔적을 깔끔하게 정리하고 우리 몸도 깨끗하게 하는 것이 건강도 지키고 프라이버시도 지키는 기본적인 매너입니다.

안전하고 즐거운 자위 방법을 숙지했나요? 자위는 자연스러운 인간의 행동입니다. 잘만 이루어진다면 건강에도 좋아요. 섹스와 마찬가지로 일종의 운동 효과도 있고 충분한 이완을 통해 스트레스를 해소하고 수면의 질도 개선할 수 있습니다. 부교감신경의 이완을 통해 성적 해방감도 얻을 수 있습니다. 자위는 우리의 환상을 탐험하고 무엇이 나를 기분 좋게 만드는지 발견하는 건강한 방법이에요. 아이들 또한 마찬가지겠죠?

게다가 자위는 임신 걱정을 할 필요도 없습니다. 언제 어디서든 파트너의 상황과 상관없이 행할 수 있으니까요. 앞으로도 양육자와 아이 모두 건강한 자위 방법으로 자신의 몸을 즐겁게 알아가길 바랍니다.

내 아이의 자위행위

자녀가 초등학생이 되면서 많은 양육자들이 걱정하는 문제 중 대표적인 것이 바로 '소아 자위'입니다. 신체와 정신 발달이 정상적으로 이루어지는 시기에 있는 아이들이 몸의 변화에 흥미를 갖고 신기해하는 것은 당연한 일입니다.

그러면서 우연히 성기에 마찰을 겪고 색다른 느낌을 알게 되면서 자위를 시작하는 경우가 대부분인데요. 이런 모습을 발견한 양육자 입장에서는 영원히 어릴 것 같던 내 아이가 벌써 성적 행동을 하는 것 같아 당혹스럽고 걱정될 수 있어요.

하지만 자위행위는 인간의 성생활에서 매우 중요한 부분이고 각 개인의 자율성, 즐거움, 정체성, 친밀감에 대한 개념을 알게 해 주는 행위입니다. 그 부분에 있어서 우선 양육자가 충분히 이해하고 있어야 합니다. 무작정 자위가 나쁜 것이며, 아이들이 해서는 안 되는 행위라고 생각하는 것부터 그만둬야 합니다.

양육자가 당혹스럽다는 이유만으로 자위행위를 하는 아이를 혼내면서 좌절감이나 수치심을 줘서는 안 되겠죠? 이는 성장하는 아이에게 부정적이고 모욕적인 느낌을 줄 수 있어요. 건강한 성인으로 성장할 수 있게 돕는 것이 바로 양육자의 의무인데 이런 식의 방법은 올바르지 않겠죠.

어린아이의 자위행위는 어른들의 자위행위와는 많이 다릅니다. 성적인 활동보다는 호기심과 독특한 느낌이 신기해서 시작하기 때문에 이를 우리 몸에 대한 탐색으로 바라봐 주는 것이 중요합니다. 또한 아이와 대화할 때 자위란 주제가 자연스럽게 나올 수 있게 이야기를 자주 나누는 것도 중요해요.

그렇지 않을 경우, 아이들은 또래 친구들에게 자위에 대한 잘못된 루머를 들을 수도 있고, 포르노에 노출이 될 가능성도 높아집니다. 이를테면 '자위를 하면 질 입구 주름(처녀막)이 손상된다', '성기 모양이 변형된다', '성기가 작아진다', '키가 자라지 않는다' 등 자위 자체를 건강하지 않은 것으로 인식하게 됩니다. 또한 자위행위에 죄책감을 갖거나 성에 대해 부정적인 감정을 안고 자랄 가능성도 높아지고요.

따라서 아이와 가장 친근한 양육자가 성에 대해 이야기할 기회를 자연스럽게 마련하고 자위에 대해서도 올바른 지식을 이야기해 주는 것이 좋아요.

자위 이야기를 시작해야 하는 적절한 나이란 없습니다. 몸에 관련된 대화를 어린 시절부터 열린 마음으로 토론해 보세요. 아이들이 자신의 몸의 변화를 이해할 수 있도록 기반을 마련하는 것이 중요합니다. 그리고 자위는 표면적인 주제일 뿐이고, 전반적인 성교육이 중요합니다. 적절한 성교육이 이루어지면 자위에 대한 오해나 집착도 자연스럽게 줄어들겠고요.

단, 자위에 대해 너무 심각하게 이야기하지 않는 게 중요해요. 자위를 하며 신체 부위를 만지는 게 어떤 기분인지, 평소와 기분이 어떻게 다른지 표현하도록 이끌어 주세요. 뿐만 아니라 자위를 하면서 기분이 좋아지는 것이 수치스러워할 일이 아니라는 것도 충분히 알려 주세요.

아이들은 양육자가 생각하는 것보다 더 빠른 나이에 자기 몸을 탐색합니다. 실제 논문에서는 만 1세의 유아 자위에 대한 보고도 있을 만큼 자연스러운 행위랍니다. 아이는 에로틱한 생각이 아니라 신경이 예민한 부분을 만졌을 때 기분이 좋다는 사실을 깨닫고 자위를 시작하거든요.

이때 아이가 수치심을 느끼지 않아야 한다는 점이 핵심이에요. 그러기 위해서는 부모의 태도가 중요합니다. 발기된 성기를 신기해하고 자랑스러워하는 아이를 꾸짖거나 혐오스럽게 이야기할 경우, 아이는 자신의 몸을 탐색하는 과정에서 수치심을 느끼고 더 나아가 자기혐오까지 하게 되거든요.

음경이나 클리토리스는 다른 부분을 만질 때와는 다른 느낌이 든다는 걸 공감해 주세요. 또 아이 스스로 자기 몸을 알아 가는 것이 멋진 과정임을 넌지시 긍정해 주세요. 자위를 하든 하지 않든, 양육자와 열린 마음으로 대화를 하는 것이 아이가 자기감정에 대해 긍정적으로 이해할 수 있도록 합니다.

더구나 생식기 위생, 생식기의 적절한 해부학적 용어 등 다른 성교육도 자연스럽게 할 수 있는 기회가 되지요. 이렇게 양육자와 대화가 충분했던 아이의 경우 자신의 신체 변화를 더 잘 이해함으로써 올바른 자신감을 가진 어른으로 성장합니다. 차라리 아이에게 이렇게 이야기해 보는 것은 어떨까요?

"음경을 만지는 것도 좋지만, 숙제나 수업, 친구들과 어울리는 것도 소홀히 해서는 안 된다. 알았지? 숙제 다 하고, 밥도 잘 먹고, 네 방에서 만지는 것은 괜찮아." 쉽지 않은 방법일 겁니다. 그래도 노력 해야 합니다. 할 수 있습니다!

혹시 아이가 자위행위를 너무 많이 하는 것 같아 걱정하고 있는 양육자가 있을까요? 자위행위를 많이 하면 성장호르몬 분비가 안 된다거나 과도한 남성호르몬 분비로 성조숙증이 온다든가, 테스토 스테론 분비가 2차 성징을 촉진하므로 성장에 지장이 있을 거라 생 각하는 경우가 많아요.

자위행위 중 사정 시 일시적으로 테스토스테론 수치가 올라가기 는 하지만 자위행위가 성장을 방해한다는 근거는 없습니다. 자위행 위가 음경 성장에 도움이 된다거나 혹은 악영향을 끼친다는 얘기, 조루 또는 지루증, 발기부전을 일으킬 수도 있다는 얘기들도 역시 근거가 없습니다.

단, 자위행위가 아이에게 신체적인 해를 끼치거나, 아이의 일상생 활을 방해하는 경우에는 문제가 됩니다. 반복적인 행위로 인해 음 경이 다친다든가, 학교 활동, 식사, 일상생활을 기피하게 될 정도로 자주, 심하게 이루어진다든가, 아이가 그 욕구를 스스로 통제할 수 없다고 느낀다면 반드시 소아정신과 의사나 전문 상담사에게 도움 을 구해야 합니다. 이럴 경우 양육자의 입장에서 아이에게 어떻게 조언을 해 줘야 할까요?

아이의 자위행위가 과할 경우

포르노를 접촉하는 기회를 줄이자

자위를 줄이는 첫 번째 단계는 자위를 하고 싶게 만드는 방아쇠를 제한하는 거예요. 특히 포르노가 그 방아쇠 역할을 하기 때문에 그 접촉을 최소로 만들어야 합니다.

포르노 중에서도 시각적인 것들은 자극이 너무 강해서 우리 뇌에 존재하는 보상 경로를 즉시 활성화시킬 수 있어요. 그러한 이미지들이 만들어 내는 자극은 다른 어떤 형태의 성적 판타지보다 더 즉각적이고 강렬하기 때문에 자위행위를 뿌리치기 어렵게 만들거든요. 따라서 집에 있기보다는 밖에 나가서 활동을 많이 하는 것이 오히려 이런 기회를 줄이는 방법이 될 수 있겠죠.

혼자 있는 시간을 최대한 피하자

사람들은 보통 자위를 하고 싶다는 욕망을 혼자 있을 때 주로 느낍니다. 따라서 아이의 이런 마음을 줄이고 싶다면 다른 사람들과 많이 어울리게 하고 고립되지 않게 하는 것이 도움될 수 있어요. 아이가 사회적인 활동을 다양하게 할 수 있도록 기회를 자주 만들어 주세요.

무조건 운동! 운동이 매우 중요합니다

자위는 스트레스와 긴장을 해소하고 편안함을 느끼기 위한 정서적 조절의 한 형태로 작용합니다. 자위나 섹스로 인해 느끼게 되는 오르가슴은 엔도르핀을 방출하기 때문이에요. 엔도르핀은 기분을 좋게 만드는 호르몬입니다. 기분을 북돋우고 고통을 줄여 주는 작용을 하기 때문에 행복 호르몬이라는 별명을 갖고 있기도 할 만큼 긍정적인 것이죠.

섹스나 자위 말고도 이 엔도르핀을 방출하는 또 다른 활동은 바로 운동입니다. 즉, 신체 활동이 자위의 훌륭한 대안이 될 수 있어요. 특히나 청소년 시기에는 폭발하는 호르몬의 변화로 인해 에너지가 넘치는 시기입니다. 그런 신체와 정서 변화에 당사자인 아이들조차 매우 당혹스러워하고 이를 어떻게 다뤄야 할지 어려워합니다.

이런 고민에 빠져 있을 틈이 없도록 아이에게 운동을 추천하는 게 어떨까요? 체중조절이나 건강에 좋을뿐더러 혼자 있는 시간을 줄일 수도 있고 성취감도 느낄 수 있습니다. 게다가 행복 호르몬인 엔도르핀, 세로토닌도 분비되니 일석삼조를 뛰어넘네요. 양육자와 아이가 함께 운동을 하는 것도 좋겠네요!

위에서 설명한 세 가지 방법 외에 더욱 구체적인 설명과 도움이 필요하면 언제든 전문가를 찾아 도움을 요청하길 추천합니다. 무엇보다 자녀들에게 몸의 변화에 따른 긍정적 이해와 에티켓, 심리적 변화, 디지털 예방교육 등으로 건강하게 성을 알려 주는 게 중요해요. 과도하게 걱정을 하는 것도, 방치를 하는 것도 문제가 될 수 있다는 것을 기억하면서요.

Q. 초경을 시작한 딸에게 어떤 말과 행동을 해야 할까요? 파티를 열어 주는 가정도 있던데, 어떤 방식이 제일 적절할까요?

파티도 좋고 자연스럽게 축하를 해 주는 것도 좋습니다. 방법이 무엇이든 상관없습니다. 단, 월경을 했다는 사실을 긍정할 수 있게 해 준다는 것이 가장 중요한 부분입니다. 월경을 하는 것이 어른이 되는 자연스러운 과정임을 인지하게 해 주고 긍정적인 기억과 에너지로 채워 주면 됩니다.

그것이 파티이든, 아니면 작은 선물이든 월경을 긍정할 수 있게 해 주는 것이라면 다 좋아요. 아이는 갑작스러운 자신의 몸의 변화를 두려운 것이 아닌, 어른이 된다는 기대감과 행복, 자아존중감으로 스스로를 뿌듯하게 여길 거예요.

Q. 요즘 애들이 월경을 빨리 해서 걱정이에요. 초경 미루는 주사를 맞춰도 될까요?

최근 성조숙증이 증가하는 추세입니다. 그러다 보니 그에 맞는 적절한 치료가 요구되는 상황입니다. 아무래도 월경을 빨리 하게 되면 더 이상 키의 성장이 일어나지 않기 때문에 월경을 최대한 늦게 하길 바랄 수밖에 없죠. 만 9세 미만의 여아라면 골연령검사GnRH,

성 성숙도 검사 등을 시행하여 생식샘자극호르몬분비호르몬작용제 주사를 맞을 수도 있어요.

단순한 걱정 때문에 호르몬 주사를 맞게 하는 것은 좋지 않지만, 제대로 검사를 해 보고 성조숙증이 의심되는 상황이라면 치료를 하는 것이 좋습니다. 제대로 된 기준에서 치료를 한다면 생각 외로 부작용도 거의 없고 안전하니 담당 소아과 선생님과 상의 후에 결정하는 것을 권합니다.

Q. 왜 남자는 서서 소변을 보고 여자는 앉아서 소변을 보냐는 아이의 질문에 어떻게 대답하는 것이 좋을까요?

몸의 차이임을 인지할 수 있게 애칭이 아닌, 정식 해부학적 용어로 알려 주세요. 남자와 여자의 모양이 다르기 때문에 용변을 보는 자세 또한 다를 수 있음을 설명해 주세요. 남녀의 신체적 차이를 알 수 있고, 다른 성에 대해서도 이해할 수 있는 기회가 될 거예요.

Q. 생식기 냄새를 줄일 수 있는 방법이 있을까요?

기본적으로 질 안쪽은 분비물이 발생하는 게 당연하며, pH 3.5~pH4.2정도의 약산성을 띄고 있기 때문에 생식기에서 시큼한 냄새가 날 수 있습니다. 이런 정도의 냄새가 아닌 정말 역한 생선 비린

내가 나거나 다른 이상한 냄새가 난다면 이는 질염의 증상일 수 있으므로 산부인과에 내원해서 적절한 치료를 받아야 해요.

하지만 생식기에서 완전히 아무런 냄새도 안 나게 할 수는 없어요. 때문에 염증 관리만 잘한다면 크게 신경 쓰지 않아도 괜찮아요.

Q. 성기 색깔, 가슴 크기 등 자신의 몸에 콤플렉스를 느끼는 아이에게 무슨 말을 해 줄 수 있을까요?

기본적으로 성기는 멜라닌 색소가 침착되는 부위입니다. 그러다 보니 자연스럽게 성기의 피부색은 다른 부위에 비해서 어두워요. 대부분의 사람이 그렇습니다.

아이가 어떤 점에서 왜 그런 생각들을 가지게 되었는지 물어보고 대화를 해 보세요. 또한 다양한 몸에 대해서도 이야기를 해 보는 게 좋아요. 이때, 다른 강박적인 문제 때문에 몸에 콤플렉스를 갖는 것은 아닌지 살펴보는 것도 중요해요.

Q. 성 경험이 없는 여성과 성 경험이 있는 여성의 질은 다른가요?

질 자체는 회복탄력성이 있어서 성 경험이 없는 질과 경험이 있는 질의 구조는 크게 다르지 않습니다. 처녀막의 유무로 나누기도 하지만 이걸로 성 경험의 유무를 정확히 판단하기는 어려워요.

즉, 분만을 하지 않는 한 성 경험의 유무가 질 구조를 크게 변화시키지 않는다고 볼 수 있어요.

Q. 질염이면 꼭 병원에 가야 하나요? 계속 재발되는데 그때마다 병원에 가는 게 맞는 걸까요? 자연적으로 낫는 질염은 없나요?

자연적으로 낫는 질염도 있지만 그렇지 않은 질염이 더욱 많아요. 웬만하면 병원에 가서 원인균이 무엇인지 확인하는 것이 좋습니다.

만약 질염을 방치할 경우에는 염증이 진행되어 골반염으로 발전할 수도 있습니다. 그렇게 되면 심한 경우 자궁외임신 및 불임까지 올 수도 있으며 만성 골반통으로 삶의 질 저하도 일어날 수 있어요.

남성의 몸 바로 알기

윤동희 비뇨의학과 전문의

양육자부터 제대로
알아야 할 남성의 몸

남성의 생식기 또한 정확한 명칭을 모르는 분들이 많은데요. 이번 장에서는 남성의 몸에 대해 다뤄 보겠습니다.

먼저 음경부터 얘기해 볼까요? 음경은 '성기'라고 부르는 경우도 많고 어릴 때는 고추처럼 생겼다고 '고추'라 부르기도 합니다. '자지', '좆'이라고 부르기도 하는데, 특히 '좆'은 비속어로, 사용하지 않는 것이 좋아요. 양육자들도 이런 단어 사용은 지양하는 게 좋겠습니다.

2차 성징 발현 전까지 음경은 기본적으로 아기 때와 별반 다르지 않아요. 자녀가 중학생이 되었는데도 음경 크기가 어릴 때처럼 작다고 걱정하는 경우가 많은데, 2차 성징 발현 시기가 사람마다 많이 다르므로 그 전이라면 일반적으로 너무 걱정할 필요는 없습니다. 다만, 걱정이 되는 경우 비뇨의학과에 내원하여 진찰과 상담을 받길 권합니다.

　이제 음경의 구조를 살펴볼까요? 음경 내부에는 양측에 발기 조직이 있고, 아래쪽에는 요도가 자리잡고 있습니다. 발기 조직은 혈액이 들어가서 팽창되는 스펀지 같은 음경해면체와, 팽창된 음경해면체를 지지하며 둘러싼 아주 질긴 음경백막으로 이루어져 있습니다.

음경의 단면

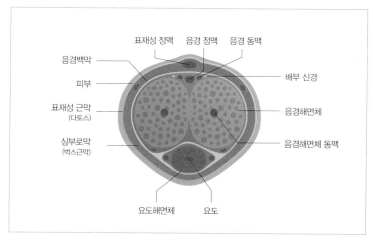

'음경골절'이라는 말을 들어 본 적이 있나요? 발기된 상태에서 갑자기 음경이 꺾였을 때 음경백막이 찢어지면서 뚝 소리가 날 수 있는데, 음경이 뼈는 아니지만 이렇게 된 상태를 음경골절이라고 부릅니다. 웬만해서는 안 부러지니 너무 걱정은 마시고요.

요도는 요도해면체라는 조직으로 둘러싸인 요도점막으로 구성되어 있습니다. 발기된 상태에서 소변을 보면 요도해면체에도 혈액이 들어가서 팽창되기 때문에 소변이 약하게 또는 가늘고 세게 나올 수 있어요. 그리고 음경의 끝부분에는 귀두가 있습니다. 여성의 클리토리스(음핵)와 상동기관으로 귀두 표면은 일반 피부와 다른 점막 조직이고, 신경이 많이 분포되어 예민한 성감대예요. 음경 피부의 끝부분은 귀두를 살짝 또는 완전히 덮고 있는 포피로 이루어져 있습니다.

얼굴과 키가 모두 다르게 생긴 것처럼 음경도 사람마다 그 크기

다양한 포피의 형태

와 모양이 달라요. 참고 그림처럼 포피의 길이나 모양도 다양하답니다. 성교육을 하면서 이 같은 내용을 아이에게 꼭 말해 주는 것이 좋겠지요?

언젠가 아이가 왜 아빠의 음경보다 내 것이 더 작냐고 물을 때면 어떻게 대답하겠어요? 음경의 크기는 인종에 따라 다르고 개개인마다 큰 차이가 있습니다만, 사회적 분위기상 어려서부터 남성의 자존감에 큰 영향을 미치는 것이 사실입니다.

혹여 아이가 자라서 자신의 음경 크기를 남과 비교하여 자신감을 잃을까 봐 걱정된다면, 아이에게 더욱더 올바른 성교육을 해 주는 게 좋습니다. 음경 크기가 성관계 만족도에 큰 영향을 미치지 않으며 만족도에 영향을 주는 것들에는 다른 요인들이 많다는 사실을 자연스럽게 가르쳐 줄 수 있으니까요.

다음은 고환과 음낭입니다. 고환은 정자 및 남성호르몬을 생산하는 장기예요. 고환을 싸고 있는 주머니를 '음낭'이라 부르는데, 이 용어가 좀 생소하게 느껴질 겁니다. 비뇨의학과에 내원하는 환자분들 중 음낭이라는 표현을 쓰는 분들이 드물더라고요. 2차 성징 발현 전 고환은 땅콩 크기 정도를 유지하다가 2차 성징이 발현되면서 크기가 급속도로 커지게 됩니다. 정상 성인의 고환 크기는 용적이 15ml~25ml, 직경(장축) 3.5cm~4.5cm 정도인데요. 한쪽 고환이 더 처져 있는 편입니다. 보통 왼쪽 고환이 더 아래에 있어요.

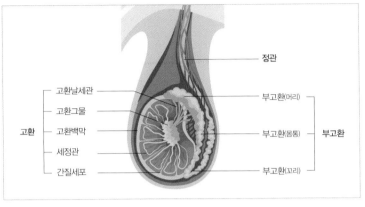

고환/부고환의 구조

고환은 두 가지 중요한 기능을 합니다. 정자의 생산 그리고 남성 호르몬인 테스토스테론을 생산하지요. 정자는 고환 내의 정세관에서 생성되는데, 처음 생성부터 성숙정자가 되기까지 3개월 정도 걸립니다. 혹시 임신을 계획하고 있는 양육자라면 3개월 전부터 건강한 생활을 하는 게 좋겠죠? 테스토스테론 수치는 신생아 때부터 2차 성징 발현 전까지 매우 낮게 유지되다가 사춘기에 급격히 높아지면서 2차 성징 발현, 생식기 발달, 정자 생성, 성욕 증가, 수염 등 여러 특징을 보이게 됩니다.

'부고환'이라고 들어 보셨나요? 음낭 안에는 계란처럼 생긴 고환만 있다고 생각하는 경우가 많은데, 고환 옆에 길게 부고환이라는 장기가 붙어 있습니다. 고환에서 생성된 정자는 부고환으로 옮겨 가서 보관되며 성숙됩니다. 사정 시 부고환에 보관되어 있던 정자가 정관 근육의 수축을 통해 정관을 타고 이동하여 전립선에 있는 사정관을 통해 배출되는데요.

한 번 사정할 때 배출되는 정액의 양은 1.5ml~5ml, 그중 고환에서 만들어진 정자는 2%~5% 정도밖에 안 되고 나머지 70%~80%는 전립선 위(방광 뒤)에 있는 정낭액, 15%~30%는 전립선액으로 구성되어 있습니다. 그렇기 때문에 정관수술을 받더라도 사정되는 정액의 양은 거의 차이가 나지 않는 것이죠.

포경수술,
해야 할까요?

　　제가 어렸을 때는 초등학교 3학년~4학년 정도에 거의 다 포경수술을 받았습니다. 당시 포경수술은 초등학교 겨울방학 때 누구나 받아야 하는 수술이었죠. 지금은 어떨까요? 포경수술을 해야 하는지에 대한 대답을 하기 전에, 먼저 한국 포경수술의 역사에 대해 간단하게 이야기해 볼게요.

　1945년 해방 후 미군정이 시작되었을 때 미국인들은 한국 소아들의 음경 위생 상태가 안 좋은 것을 보고 포경수술을 시행하기 시작했어요. 물론 미국인들의 포경수술 비율이 매우 높았던 영향도 있겠지만 당시 한국인들의 음경 위생 상태가 매우 불량했던 것도 사실이었습니다. 당시 포경수술의 대상은 주로 초등학생의 소아들이었죠. 정확하게 기록되어 있지는 않지만 이렇게 시작된 한국의 포경수술은 위생적인 이점 등으로 급격히 대중화되었고 성인이 되기 위한 통과의례처럼 시행되었죠.

그러던 것이 90년대가 되면서 성교육 전문가들을 중심으로 포경수술 반대운동이 퍼져 나갔어요. 그래서 포경수술을 받는 비율이 예전에 비해 많이 낮아진 상태입니다. 포경수술을 많이 하는 국가는 미국, 한국처럼 미군정이 있었던 필리핀, 그리고 종교적인 이유로 생후 8일째에 시행하는 유대인, 할례를 시행하는 아랍 등이 있습니다. 그 외 국가에서는 의학적으로 필요한 경우를 제외하고는 포경수술을 시행하고 있지 않습니다. 가까운 일본만 보아도 포경수술을 거의 하지 않아요.

포경수술의 의학적인 면을 살펴볼게요. 신생아 시기에 포경수술을 받을 경우 영아 요로감염을 유의미하게 낮추는 것으로 증명되었어요. 이에 따라 미국소아과학회에서는 신생아 포경수술을 권하고 있는데요. 유럽의 경우 신생아 시기에 포경수술을 시키는 것이 자기결정권을 침해한다는 이유로 반대 입장을 확고히 하고 있습니다.

하지만 한국 포경수술은 아주 어린 나이에 시행하는 미국이나 유대인, 아랍인과 달리 소아청소년기에 주로 행해집니다. 이로 인해 영아 요로감염 예방효과는 사라지게 되지만 어느 정도 자기결정권이 있는 나이에 수술 여부를 결정할 수 있다는 장점이 있습니다.

포경수술은 위생적이면서 일부 성전파성 질환 가능성을 낮춘다는 장점이 있지만 이는 청결 유지와 콘돔 사용으로 어느 정도 해결할 수 있는 문제예요. 즉, 이 같은 이유로 포경수술을 꼭 해야 한다고 말하는 건 어렵습니다. 더구나 포피가 잘 젖혀진다면 포경수술은 필수가 아닌 선택이 되겠지요.

외래 진료를 하면서 포경수술을 후회하는 경우를 가끔 보게 됩니다. 위에서 언급한 것처럼 포경수술 시 포피가 과도하게 절제되면 보기에도 안 좋고 성관계 시 피부가 당겨 불편함을 초래할 수도 있어요. 또한 수술 후 성감이 감소했다고 다시 원상회복할 수 없는지 문의하는 경우도 있습니다.

포경수술을 반대하는 큰 이유는 포피가 나름의 역할을 할 뿐 아니라 포피를 제거했을 때 성감이 떨어진다는 주장이 있기 때문이에요. 이는 수술 전후의 성감을 비교할 때에만 알 수 있는 문제로 성경험이 없는 상태에서 수술을 받은 경우에는 정확한 결과를 내기가 어려워요. 그래도 연구 결과가 조금 있긴 한데, 일반적으로 큰 차이가 없는 것으로 나와 있습니다.

실제로 포경수술 후 성감의 저하를 가장 크게 느끼는 때는 자위행위를 할 때인데, 분명 차이가 있겠지요. 하지만 윤활제를 사용하여 자위를 하면 큰 문제가 되지 않습니다. 또 사정이 빠르거나 늦는 문제가 포경수술로 인한 것이 아닌가 하는 불만도 있을 수 있습니다. 하지만 사정시간은 포경수술과 관계가 거의 없습니다. 어쨌거나 이런 논란이 있다는 것만으로도 포경수술이 꼭 필요한가 의문이 듭니다.

자, 아이에게 포경수술을 하라는 건지, 하지 말라는 건지 헷갈리는 분들을 위해 정리해 보겠습니다.

첫째, 필수적으로 받아야 하는 수술은 아닙니다. 발기 시에도 포피가 잘 젖혀지는 경우 포피의 길이와 상관없이 수술이 필요하지 않습니다. 이 경우 기호에 따라 포경수술을 받을 수 있어요.

둘째, 받으면 큰일 나는 수술이 아니에요. 포경수술을 받으면 성감의 95%가 없어진다는 등 성적으로 큰 문제가 발생하는 것처럼 얘기하는 성 전문가도 있고, 이에 영향을 받아 포경수술을 받아야 하는 상태임에도 불구하고 안 받고 고생하는 경우가 있습니다. 불필요한 수술은 피하는 것이 맞지만, 필요하면 해야 합니다.

셋째, 꼭 해야 하는 경우와, 하면 좋은 경우가 있어요. 포피가 전혀 젖혀지지 않는 즉, 귀두가 바깥으로 노출되지 않는 진성포경의 경우 수술이 필요합니다. 또한 타이트한 포피륜(포피의 끝부분 조이는 부분)으로 인해 발기 시 포피가 젖혀지지 않거나 목이 조이는 경우에도 포경수술이 필요합니다.

위의 두 경우에도 수술을 원하지 않는다면 배면절개술을 시행할 수 있으나 이런 경우 포피류 부위의 피부가 매우 약해서 찢어지는 경우가 많으므로 포경수술을 받는 것이 정답입니다. 포피 피부가 반복적으로 찢어지거나 포피에 만성 염증이 있을 경우 포경수술이 도움될 수 있어요.

제 개인적인 생각으로는 포피가 길어 귀두를 덮을 경우 소변이 고여 지린내가 나는 경우가 많으므로 포경수술을 권합니다. 마지막으로 파트너가 포경수술을 권할 경우 대부분이 필요한 경우이니 고집부리지 말고 비뇨의학과 전문의에게 상담받길 바랍니다.

넷째, 아이에게 수술을 받게 할 거라면, 검증된 비뇨의학과 전문의에게 상담을 받은 후 시행하기를 권합니다. 어쨌거나 수술이기 때문에 잘못되는 경우가 가끔 있거든요. 가장 흔한 문제는 포피 길이가 과도하게 절제되어 발기 시 피부가 당기는 겁니다. 다음으로 봉합 자국이 흉하게 남는 경우인데 큰 문제가 되지는 않지만 보기에 좋지 않고 봉합 구멍에 찌꺼기가 끼게 됩니다. 진료를 하다 보면 과거에 포경수술을 받은 분들 중 이런 경우들을 간혹 보게 되는데 안타깝지요. 하지만 비뇨의학과 전문의에게 받는다면 이런 문제는 거의 생기지 않습니다.

아이들이 포경수술을 언제 받는 게 좋을지에 대해서도 양육자들이 많이 물어봅니다. 어떤 시기에나 가능한 수술이긴 하지만 정확한 모양으로 수술하기 위해서는 일반적으로 음경이 어느 정도 커진

2차 성징 초기(음모가 살짝 자라는 시기)가 적절해요.

결론은, 포경수술은 필수가 아니지만 필요한 경우가 분명히 있으며 그럴 경우 비뇨의학과 전문의와 상담 후 결정하는 것이 최선입니다.

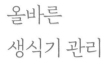

올바른
생식기 관리

아이에게 생식기는 어떻게 관리하라고 일러 줘야 할까요? 기본적으로 적어도 매일 한 번은 샤워하면서 음경, 음낭, 사타구니, 그리고 항문까지 잘 문질러 닦아야 한다고 말해 주세요. 항문 주위에는 대장균 등 수많은 정상세균이 있기 때문에 마지막 순서로 씻거나 항문을 씻은 후에는 손을 비누로 다시 한번 닦는 것도 필요합니다.

많은 분들이 궁금해하는 부분이 비누나 보디 클렌저에 관한 부분인데요. 아무거나 사용해도 큰 상관은 없습니다. 다만, 향이 강하거나 자극적인 제품은 좋지 않아요. 음경, 음낭 피부는 다른 부위에 비해 매우 약하기 때문이에요.

특히 주의해서 잘 씻어 줘야 하는 부위는 음경 뿌리의 음모 부위입니다. 그리고 포경수술을 받지 않은 경우 포피를 젖혀서 안쪽의 치구, 귀두지라 불리는 찌꺼기를 조심스럽게 제거해야 하는데요. 치구는 세균의 먹이가 되어 악취와 귀두포피염의 원인이 되기 때문입니다. 포피 안쪽에는 비누를 쓰지 말라고 하는 경우도 있지만 저자극성 비누로 씻는 것은 괜찮습니다. 샤워 후에는 깨끗한 수건으로 부드럽게 닦는 것이 필요하고 소독한다고 뜨거운 드라이어로 말리는 행동은 좋지 않아요.

속옷은 통기성이 좋은 트렁크가 가장 좋습니다. 하지만 아이가 다른 종류의 속옷을 고집한다면, 그리고 사타구니에 땀을 많이 흘리는 경우라면 자주 갈아입도록 해 주세요. 생식기 부위는 땀, 분비물이 많은 곳이고 살이 찐 경우는 더 심하기에 위생에 신경을 써 줘야 해요. 무좀 곰팡이에 의한 사타구니백선, 귀두포피염, 칸디다 곰팡이에 의한 귀두염 등이 생길 수 있고 가려움증이 매우 심한 경우라면 위의 질환 외에도 습진이나 때로는 사면발이 감염도 의심해야 합니다.

Q. 소아비만과 성기 크기가 관련이 있나요?

소아비만이 있는 경우 정상체중에 비해 평균 10% 정도 음경 길이가 짧은 것으로 알려져 있습니다. 뿐만 아니라 테스토스테론 수치도 낮다는 연구 결과들이 있어요. 더구나 소아비만은 성인비만으로 연결되는 경우가 많아 각종 질환의 원인이 되기도 합니다. 소아비만을 방치하면 안 되는 또 하나의 중요한 이유죠.

Q. 몽정을 안 하는데 괜찮을까요?

청소년기에 평균 18일에 한 번 꼴로 몽정한다는 보고가 있지만 정상 발기와 사정이 가능하다면 몽정을 안 하거나 자주 하는 것 모두 정상입니다. (평생 몽정을 경험하지 못하는 경우도 있습니다.) 또한 자위를 많이 하면 몽정 횟수가 감소하며, 성인기에는 대개 몽정을 안 하지만 하는 경우도 있긴 있습니다.

Q. 아이의 성기가 뜬금없이 발기하는데 이유가 뭘까요? 야한 생각을 한 걸까요?

사실 신생아 때부터 뜬금없이 발기가 되곤 합니다. 소변이 마려울 때 발기가 되기도 하고 음경이 성장하는 2차 성징 발현 시에는 더욱 더 자주 발기가 됩니다. 물론 야한 생각을 할 때도 있겠지만 그렇지 않은 경우가 더 많을 겁니다.

Q. 포경수술 병원 선택 시 어떤 것들을 고려하면 좋을까요?

포경수술을 잘하는 비뇨의학과라고 알려진 곳이면 좋겠지요. 디자인이 중요합니다. 그리고 수술 전 아이의 음경을 진찰해서 포경수술이 필요한 상태인지 아닌지 논리적으로 설명해 준다면 더할 나위 없겠지요.

Q. 포경수술이 성병 예방에 도움이 되나요?

HIV 감염 예방에 도움이 되는 것으로 알려져 아프리카에서는 예방 목적으로 시행하기도 합니다. 또한 다양한 음경피부질환, 포피 안쪽에 잘 발생하는 성기사마귀 예방에도 도움이 되며 위생적으로 유리합니다.

하지만 성병 예방에는 콘돔 사용과, 새로운 파트너와의 첫 성관계 전에 서로 성병 검사를 미리 하는 것이 훨씬 중요합니다.

PART 5

다양한 관계 속에서
우리 아이 지키기

✳

정선화 산부인과 전문의

성적 자기결정권

사회적, 법적 맥락의 자기결정권

　　최근 인간 존중과 인권에 대한 성찰이 사회 전반적으로 이루어지고 있습니다. 참 다행인 일이 아닐 수 없지요. 점점 선진국으로 발전하고 있다는 증거가 아닐까 해요. 그 과정에서 '자기결정권' 및 '자기주체성' 등의 용어가 대두되었고 포괄적 의미에서 점점 성적인 의미의 자기결정권, 주체성에 대해서도 사회적 관심이 집중되기 시작했어요. 여기서는 광의의 개념보다 성적인 개념으로 좀 더 좁혀서 이야기해 보려고 해요.

우선 '성적 자기결정권'이란, 개인에게 부여되는 성과 관련한 행복 추구권이라고 말할 수 있어요. 이는 '성적 자유와 성 정체성으로 구성되는 성적인 자기 자신을 스스로 결정할 자유, 자유와 평등에 기초한 성생활의 가능성을 국가와 사회에 요구할 권리' 등을 포함하는 개념입니다.[*]

법적인 시각에서는 '성적 자기결정권은 스스로 선택한 인생관 등을 바탕으로 사회공동체 안에서 각자가 독자적으로 성적 관념을 확립하고 이에 따라 사생활의 영역에서 자기 스스로 내린 성적 결정에 따라 자기 책임하에 상대방을 선택하고 성관계를 가질 권리'로 해석하고 있습니다.[**]

성적 자기결정권의 논리에서 자율성이 강조되다 보니 오히려 이 개념이 비약된 해석으로 이어질 때도 있어요. 그루밍이나 사이버 성범죄의 경우, 피해자가 선택한 일이라면서 피해자도 책임을 져야 한다는 이상한 주장을 낳는 거죠. 그래서 이 자기결정권이라는 게 더욱 명확하게 인지를 해야 하는 어려운 개념이지 않나 하는 생각이 듭니다.

하지만 성적 자기결정권은 추상적이고 뜬구름 잡는 비현실적인

---

* 정주은, 2015, '성폭력 피해 생존자와 성적 자기결정권', 한국심리학회 연차 학술대회
** 헌재 2002.10.31. 99헌바40 등

논리의 영역이 아닙니다. 우리가 건강하고 만족스러운 성 활동을 하고, 성폭력을 예방하는 데 가장 중요하고 핵심적인 개념이에요. 데이트 폭력과 같은 친밀한 관계에서의 폭력부터 성폭력, 성매매, 원조교제 등까지 피해자가 자신을 보호하거나 주체성을 잃지 않기 위해서는 성별과 상관없이 사회구성원 전체의 노력이 지속적으로 이루어져야 합니다.

정신의학적 맥락의 자기결정권

자아가 형성되는 과정에서 자기결정권 또한 형성됩니다. 사랑이 넘치는 가정에서 자란 경우에도 불구하고 우리는 모두 어느 정도의 정서적 학대를 경험하며 자랐을 거예요. 성장 과정을 언급할 때 가스라이팅*을 언급하지 않을 수 없으며 이는 여성에게만 국한된다고 생각하지 않습니다. 많은 책이나 사례에서 주로 여성에 대한 학대를 다루지만, 사실 남성이나 여성 모두 어린 시절 어른들에 의한 정서적 학대와 통제를 경험해요.

이런 관습을 대물림하지 않으려면 양육자들은 이 주제에 대해 반

---

* 가스라이팅(The Gaslight Effect, Gaslighting): 상대방을 조종하는 특정한 형태의 정서적 학대를 뜻함

드시 고민하고 공부해야 합니다. 왜냐하면 가스라이팅은 부모가 전혀 의식하지 못한 상태에서 아이들의 자아에 상처를 주거나 아이들을 정서적으로 조종하려고 하기 때문이죠. 도움을 주려는 의도였다 해도, 그런 행동들이 아이들에게 상처를 줄 수 있다는 사실을 인식한다면 자녀뿐만 아니라 다음 세대에도 훨씬 유익한 일이 될 거예요.

가스라이팅은 단순히 가해자와 피해자, 두 명의 문제로 치부하기가 어렵습니다. 가해자와 피해자가 부부이며 함께 아이를 키우고 있는 경우, 가해자도, 피해자도 아닌 아이에게까지 직접적으로 영향을 끼칠 수밖에 없어요. 만약 가해자가 고용주라면 피해자는 회사나 사회에서 불안에 떨 수밖에 없고요. 가해자가 친척이나 오랜 친구라면, 피해자는 인간관계에 대한 부정적 여파가 지속적으로 남을 수도 있습니다.

즉, 이런 정서적 파멸이 지속되는 상황이라면 인간은 자기결정권을 지켜 내기가 쉽지 않아요. 이러한 상황이 인생 전체로 확대되는 거예요. 결국 성 인식, 성 활동에도 막대한 영향을 미치게 됩니다. 이는 최근 문제가 더욱 크게 붉어졌던 친밀한 관계에서의 폭력, 사이버 성범죄와도 연결이 됩니다.

자기결정권을 지키는 것이야말로 자신의 과거와 선택들을 애도하고 자유로워지기 위한 길임을 잊지 말아야 합니다. 건강하게 생존하기 위해서 결국 가장 사랑해야 할 존재는 바로 나 자신이니까요. 가스라이팅을 처음 주창했던 정신분석가이자 심리치료사인 로빈 스턴의 글을 인용합니다.

"우리는 가스라이팅에서 벗어나는 원천적인 힘을 가져야 한다. 그러기 위한 첫 단계는 상대방과의 관계에서 나의 역할이 무엇인지 깨닫는 것이다. 상대방을 이상화하고 그에게 인정받고자 하는 우리의 욕구와 환상을 먼저 이해해야 한다."*

– 로빈 스턴

● 로빈 스턴, 『그것은 사랑이 아니다』(알에이치코리아, 2018)

미성년자의 성관계

청소년기에 2차 성징을 겪으면서 우리는 성적 탐구와 호기심이 생기고 신체 발달도 일어납니다. 미국의 통계를 보면 이 기간 동안 고등학생의 46%가 성관계 경험이 있다고 할 정도로 많은 성 경험이 이루어지기도 해요.

요즘은 첫 성관계 나이가 점차 빨라지고 있는 추세라 심각성이 조금 떨어지는 느낌이지만, 저는 산부인과 의사로서 청소년들의 성관계 시기가 좀 더 미뤄졌으면 좋겠다고 생각하는 편이에요.

미국의 통계를 보면 성생활이 활발한 청소년 4명당 1명에서 성전파성 질환이 진단되고 있으며 그만큼 미국의 10대 임신율 자체가 모든 선진국 중 가장 높은 수준을 보이고 있는 상황입니다. 즉, 계획되지 않은 임신과 성병은 성 활동을 일찍 시작한 사람들 사이에서 더 흔하다는 것이 이미 학계의 정설이죠.

따라서 첫 성관계 시기는 건강 문제 때문에 개인뿐 아니라 사회적으로도 대두되고 있어요. 이 주제로 외국에서는 이미 많은 연구가 이루어지고 있고, 특히 청소년기의 성관계는 성인이 되었을 때도 신체와 기분에 부정적인 영향을 지속적으로 미칠 수 있다고 말합니다. 청소년 시기에는 여전히 신체가 발달하고 있는 시기로, 신경계 역시 발달을 지속하고 있기 때문이죠. 완성된 상태가 아니라는 의미입니다.

하지만 미성년의 성관계를 무조건적으로 막는 것이 능사는 아닙니다. 강압적으로 막는다고 막을 수 있는 문제도 아니고요. 호기심이 한참 높아지는 시기인 청소년기를 양육자도, 아이도 현명하게 보내는 게 관건일 겁니다.

양육자들은 성인이 되기 전에 성관계를 하는 게 왜 위험한 일인지 아이에게 잘 설명해 주어야 합니다. 양육자도 피임을 포함하여 앞으로 이야기할 성 활동에 대해서도 충분히 공부해야 하고요. 또 성관계를 하기 전 준비할 것들도 충분히 인지해야 합니다. 지식이 부족한 상태에서 경험적으로만 부딪히게 되면 너무 많은 것을 잃게 되니까요.

저는 아이들이 굳이 이런 고난이나 사회적 고립을 겪지 않기를 진심으로 바랍니다. 산부인과 의사로서 양육자들에게 꼭 필요한 이야기들을 해 보고자 하니, 저와 다른 전문가 선생님들과 이 여정을 끝까지 함께했으면 좋겠어요.

그렇다면 어떻게 해야 아이들의 조기 성관계를 막을 수 있을까요? 2004년 세계소아과학회에 보고된 한 연구에서는 아이가 TV와 같은 영상 미디어에 많이 노출될수록 첫 성관계 시기가 촉진된다고 말하고 있어요. 선정성이 높은 영상에 반복적으로 노출되면 아이들이 가벼운 성관계를 일반적인 경우라고 믿으며 쉽게 실행하게 됩니다. TV에서 본 장면을 모방하는 거예요.

그렇다고 요즘 같은 시대에 무조건적으로 영상 노출을 막을 수는 없습니다. 그렇다면 어떻게 해야 할까요? 차라리 양지로 끌어올리는 방법이 있습니다. 자녀와 영상 미디어를 함께 시청할 때 성에 대한 묘사가 나올 경우 그 장면에 대해 소통하고 토론하는 거죠. 성에 대한 인식을 적극적으로 표현하게 해 주는 것입니다. 이 과정을 통해서 아이들은 성이라는 것이 음지에서 몰래 쾌락만을 위해 향유해야 할 것이 아닌, 누구나 겪는 인간 생리의 한 부분으로 이해하게 됩니다.

가족이라는 환경과 양육자, 자녀와의 관계는 청소년들의 성적 발달에 중요한 역할을 합니다. 여러 문헌에 따르면 양육자와의 관계에서 따뜻함, 지지, 친밀감을 느끼지 못하는 청소년들은 어린 나이에 성관계에 관여할 가능성이 더 크다는 것을 일관되게 주장하고 있어요.

그중 2016년 네덜란드에서 발표된 논문에서는 양측 부모와 자녀의 관계 모두 중요하지만 그중에서도 특히 엄마와 딸의 관계가 건강하고 끈끈할수록 조기 성관계에서 아이들을 보호하는 데 큰 의미를 갖는다고 말하고 있습니다.* 아이들의 건강한 성 발달에 있어서 양육자와 가정의 울타리 역할이 얼마나 중요한지 이제 조금은 아시겠지요?

돌이켜보면 저도 어릴 적에 성교육의 부재로 제대로 된 성 지식을 배우지 못했기에 결국 또래집단에서 성에 대한 지식을 얻었던 것 같아요. 현재의 아이들도 저의 경우와 크게 다르지 않을 것 같은데요. 대한민국뿐 아니라 많은 문화권에서도 정확한 성 지식 교육과 전반적인 성교육이 무척 부족한 상황입니다. 이럴 때, 또래들 사이에서 성 학습이 가장 자주 일어나는데 잘못된 정보들을 많이 포함하고 있어서 문제가 되곤 합니다.

또한 청소년들은 일반적으로 어른들에게 성에 대해 이야기를 하려 하지 않아요. 이제 진부한 성교육 프로그램들은 바뀌어야 합니

---

* Mother-and Father-adolescent relationships and early sexual intercourse, Pediatrics 2016

다. 성 발달, 월경, 임신, 피임, 성적 책임을 포괄할 필요가 있고 청소년들이 선천적으로 성에 대해 호기심을 가지고 있다는 사실을 고려한 현실적인 접근 방식이 필요해요.

피임의 종류

　　　　　자손의 번식뿐만 아니라 유희를 위해 섹스를 하는 동물은 유인원을 제외하고 인간이 유일하다고 해요. 하지만 딜레마는 항상 존재합니다. 바로 섹스를 하면 임신 확률이 높아진다는 것이죠. 우리는 현실적으로 아이를 계속 출산할 수 없습니다. 무엇보다 임신은 기술적으로 충분히 예방할 수 있는 일이에요. 그렇기 때문에 피임에 대한 공부를 미리미리 해 두는 것은 정말 유익하고 중요한 공부가 될 거예요. 특히 여성은 임신을 직접적으로 겪기 때문에 더욱 신경 써야 합니다.

　　다행히 현대 의학의 발전으로 인해, 피임기구나 피임약의 효과는 매우 높은 수준을 보이고 있으며 피임의 방법도 다양해지고 있습니다. 여러 방법 중에서 선택할 수 있고 피임기구가 월경전증후군PMS이나 월경통, 월경 과다의 치료제로 쓰이기도 하니 일석삼조의 효과를 얻을 수 있어요.

그렇다면 피임 방법에는 어떤 것들이 있을까요? 남성의 피임법으로는 대표적으로 콘돔이 있고, 여성의 피임법에는 좀 더 다양한 것들이 있어요. 자궁내 피임장치, 피하내 이식장치, 그리고 가장 흔하게 복용되는 복합경구피임약, 이렇게 세 가지가 가장 안전하게 많이 쓰이고 있습니다.

그동안 피임에 대해 자세히 몰랐던 양육자라면 아이에게 잘 설명하기 위해서 뿐만 아니라 본인에게도 도움이 되는 정보이므로 잘 숙지하면 좋겠어요.

여성의 피임

자궁내 피임장치

자궁내 피임장치는 여성의 자궁 안에 피임장치를 넣어 수정란이 착상되는 것을 막는 피임 방법입니다. 예전에는 구리가 감긴 작은 기구를 사용했으나, 요즘은 호르몬 성분이 들어 있는 특수한 모양

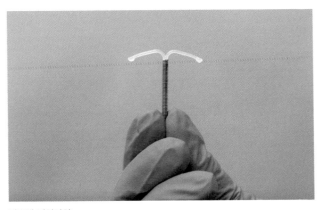
자궁내 피임장치

으로 고안된 루프가 주로 쓰입니다. 특히 '미레나^{mirena}'라고 많이들 부르죠. 가임기 여성이라면 많이 들어 봤을 거예요. 자궁근종이나 선근증으로 인한 월경 과다 및 월경통 치료에도 두루두루 쓰이는 호르몬 루프거든요. 미레나는 상품명이고요. 실제 이름은 '레보노르게스트렐 분비 자궁내 장치^{LNG-IUD}'입니다.

　이 호르몬 루프 장치에도 여러 종류가 있지만 가장 대중적으로 사용되는 미레나에 대해 좀 더 자세히 알아볼게요. 미레나는 T자 모양의 튜브 안에 52mg의 황체호르몬, 레보노르게스트렐^{LNG}이 들어 있고, 5년 동안 하루에 20mcg씩 분비되는 자궁내 피임장치입니다. 분비된 레보노르게스트렐은 주로 자궁 내에 국소적으로 작용하는데요. 자궁내막의 LNG 농도가 프로게스틴이 함유된 피하이식

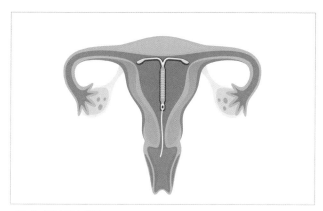

자궁내 피임장치의 위치

피임방법인 임플라논R 보다 1,000배 정도 높으나 전신의 혈중 LNG 농도는 낮게 유지가 됩니다. 자궁에만 영향을 주기 때문에 전신 부작용이 적어요.

미레나는 5년 동안 강력한 피임 효과가 있습니다. 피임 실패율은 0.1%~0.2% 정도라고 하니 임신 걱정은 안 해도 되겠죠. 더구나 피임 효과가 기본적으로 5년 동안 지속된다고 하나 7년까지도 10mcg ~14mcg의 LNG가 분비되므로 사람에 따라서는 7년까지도 피임 효과를 기대해 볼 수 있습니다.

일반적으로 시술 후에 흔하게 나타나는 부작용은 자궁내막이 안정화될 때까지 처음 2개월~3개월 동안 불규칙한 부정출혈이 발생할 수 있다는 거예요. 이 현상은 5년 이내에 미레나를 제거하는 가장 큰 원인이 되기 때문에 시술 전에 이러한 현상이 일어날 수 있다는 것을 충분히 인지해야 해요.

부정출혈이 너무 자주 있을 경우에는 에스트로겐이 포함된 피임약을 먹으며 조절하다가 그래도 출혈량이 많고 아무런 호전이 없으면 결국 제거하는 경우도 있습니다. 일반적으로 전신 효과에 의한 부작용은 3개월~6개월 후에 완화되거나 없어지니 6개월까지는 기다려 보는 것이 좋아요.

드물게 나타나지만 또 다른 합병증이 있어요. 출산 경험이 있거나 과다 출혈이 있을 경우 미레나가 그냥 쑥 아래로 빠져 버리는 현상입니다. 또는 미레나가 자궁을 뚫고 나가는 자궁 천공 현상이 일어나 골반 안에 박혀 있는 경우도 있는데 이는 전신 마취하에 복강경 수술을 통해서 제거해야 해요.

피하이식 피임장치(임플라논)

임플라논은 가로 4cm, 세로 2mm 크기인 유연한 막대로 구성되어 있어요. 이 장치를 피부 속에 이식하는데 보통은 팔에 많이들 합니다.

사용기간은 3년으로 처음에는 67ug으로 분비되다가 삽입 후 2년후에는 30ug 속도로 일정하게 분비돼요. 그러다 보니, 첫 삽입 후 1년~2년은 월경이 거의 안 나오다가 2년이 지나면 다시 월경혈이

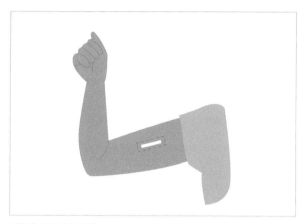

임플라논R의 시술 위치

증가하는 양상을 보이기도 합니다. 삽입하자마자 8시간 내에 배란을 억제할 수 있으며 4개월 후부터 안정적인 상태를 유지한다고 해요. 시술 다음 날부터 피임 효과를 보이는 것이 장점이에요.

아무래도 부작용이 걱정이겠죠? 부작용으로는 불규칙한 자궁출혈이 있지만 사례가 적은 편이고 무월경이 많이 나타납니다. 그래서 그동안 월경이 불편했던 여성에게는 오히려 좋은 피임 방법이 될 수 있어요.

피하에 삽입하는 것이라, 제거 후 일부 흉터가 남을 수 있다는 사실도 염두에 두어야 합니다. 피부 밑에 삽입을 하다 보니까 제거하기 위해서는 칼집을 내야 하고, 그 부위에 흉터가 생길 수 있어요. 하지만 임플라논은 사용하는 사람들의 순응도보다는 삽입하는 기술에 의해서 피임 결과가 좀 달라질 수 있어요. 따라서 임플라논 시술을 많이 해 본 전문의에게 시술을 받는 것이 중요합니다.

임플라논 사용 시에 산부인과 전문의들이 우려하는 것 중 하나가 나중에 임플라논이 안 만져져서 제거하기 어려운 경우가 생길 수 있다는 점이에요. 처음 시술 시에 임플라논을 너무 깊이 넣었다거나, 또는 임플라논을 사용하는 3년 동안 체중이 너무 불어나 팔에 살이 너무 쪘다던가 등의 경우 임플라논이 깊게 박혀서 산부인과 외래에서 제거가 어려울 수 있어요.

이런 경우 정형외과 같은 곳에서 초음파나 MRI로 위치를 확인한 다음, 전신마취를 하고 수술방에서 제거해야 하는 경우가 발생해요. 어떤 보고에서는 팔에 삽입된 임플라논이 폐 사이에서 발견되어 제거한 경우도 있다고 합니다.

하지만 잘 삽입하기만 하면 정말 좋은 피임법이 될 수 있기에 여전히 많은 사람들이 선호하고 있습니다. 각자의 상황에 맞게 적절한 피임법을 선택하는 것이 중요하겠죠. 특히 임플라논을 사용하기 좋은 상황을 나열해 볼게요.

- 임신을 최소 2년~3년간 미루고 싶은 경우
- 오랜 기간, 높은 피임 효과를 원하는 경우
- 에스트로겐과 관련하여 부작용을 경험한 경우

- 매일 피임약을 먹기 힘들거나, 미레나와 같은 자궁내 장치를 사용하기 어렵거나, 금기증이 있거나, 성관계 시 사용하는 피임 도구를 원하지 않는 경우
- 자녀를 다 낳았지만 영구적 피임법을 원치 않을 경우
- 과한 월경 출혈로 빈혈이 있는 경우
- 1년~2년 동안 모유수유를 할 경우
- 건강을 위협하는 만성 질환이 있는 경우

그렇다면 반대로, 임플라논을 사용할 수 없는 경우도 있겠죠? 다음으로 금기증에 대해서 알아보겠습니다.

절대적 금기증

- 활동성 정맥 혈전 질환 또는 혈전 색전증이 있는 경우
- 진단되지 않은 질 출혈이 있는 경우
- 활동성 간 질환이 있는 경우
- 양성 또는 악성 간종양이 있는 경우
- 알려진 또는 의심되는 유방암이 있는 경우

상대적 금기증

- 심각한 여드름 증상이 있는 경우

- 심각한 혈관 두통 또는 편두통이 있는 경우
- 심각한 우울증 증상을 보이는 경우
- 간 대사 작용을 유도하는 약물을 사용하는 경우: 혈중 프로게스틴 농도를 낮춰 임신 위험 증가

　위와 같은 특별한 질환이 없다면 임플라논은 쉽게 사용할 수 있는 피임 방법이에요. 경구피임약처럼 매일 같은 시간에 챙겨 먹어야 한다는 부담도 없고요. 콘돔을 사용할 경우 콘돔이 찢어지거나 빠지거나, 파트너가 콘돔을 제대로 사용하지 않는 경우에도 여성 스스로 본인의 몸을 보호할 수 있습니다. 또한 임플라논을 제거하면 몇 주 만에 바로 가임력이 회복되기 때문에 임신 계획을 비교적 정확하게 할 수 있습니다.

　다만, 자궁내 피임장치(루프)와 마찬가지로 임플라논은 헤르페스 바이러스, 인유두종바이러스, HIV(에이즈), 임질, 클라미디아, 매독과 같은 성병을 예방할 수는 없어요. 이런 성병을 예방하고 싶다면 반드시 콘돔을 사용해서 이중 피임을 해야 합니다. 마지막으로 임플라논은 비급여 약품이랍니다. 국민건강보험에 해당하지 않아 경구피임약에 비하면 가격이 높은 편이에요.

경구피임약

우리가 많이 복용하는 복합경구피임약은 여성호르몬인 합성 에스트로겐과 프로게스틴이 복합적으로 함유된 약이에요. 최초의 경구피임약은 1960년도에 FDA의 승인을 받아 처음 시판되었습니다. 2000년에는 피임약 발매 50주년을 기념하여《타임지》에서 경구피임약에 대한 특집기사를 낼 정도였어요.

그만큼 피임약은 인류 역사에 매우 큰 획을 그은 정말 중요한 약이라고 볼 수 있습니다. 남성의 도움 없이도 여성 스스로 피임을 할 수 있게 되었고 원치 않는 임신을 예방하여 여성의 건강에 도움을 주었기 때문이에요. 또한 출산과 육아의 기간을 자유로이 조절할 수 있게 하여 여성의 사회 진출을 용이하게 만든 혁명적인 약이라고 말할 수 있습니다. 그래서인지 20세기의 획기적인 발명품으로 선정되기도 했어요.

여전히 많은 사람들이 피임약을 먹으면 유방암이나 다른 암에 걸릴 거라는 두려움을 갖고 있는 경우가 있어요. 1960년 최초의 피임약 이후 호르몬 함량 및 성분 개선을 통해서 1980년대 말 이후에는 호르몬 함량이 최소화되었답니다. 현재는 과거의 고용량 경구피임약에 비하여 에스트로겐 함량이 약 20%로 감소, 황체호르몬 함량이 약 10%로 감소된 저용량 경구피임약이 쓰이기 때문에 이전의 부작용을 최소화할 수 있게 되었습니다.

복합경구피임약은 제대로만 사용한다면 1년간 피임 실패율이 0.3%밖에 안 될 정도로 확실한 피임 효과가 있습니다. 더불어 여러 가지 이점이 있으며 월경전증후군PMS, 자궁근종, 자궁선근증 등의 치료 목적으로도 사용되고 있어요. 따라서 복합경구피임약의 특징을 잘 숙지하고 전문의와 충분히 상담을 한 후라면 안전하게 피임을 하면서도 여러 이득을 얻을 수 있을 겁니다.

국내에서 시판되는 복합경구피임약은 종류가 다양한데 함유된 프로게스틴의 종류에 따라서 1세대~4세대 경구피임약으로 분류하고 있습니다. 제1세대 경구피임약은 부작용과 합병증이 크기 때문에 현재는 거의 사용되지 않고, 약국에서는 주로 제2세대와 제3세대 경구피임약을 판매하고 있습니다. 제4세대 피임약인 '야스민'과 '야즈', '클레라'는 전문의약품으로 의사의 처방을 받아야 사용할 수 있습니다.

약국에서 판매하고 있는 제2세대와 제3세대 피임약이 제일 대중적으로 쓰이는데 제3세대 경구피임약은 남성 호르몬의 영향이 적고 체내 콜레스테롤과 지단백에 영향을 미치지 않아요. 또한 제4세대 피임약에는 새로운 황체호르몬인 드로스피레논이 함유되어 좀 더 안정적으로 사용할 수 있습니다.

복합경구피임약은 다음 네 가지의 작용 기전에 의해 높은 피임 효과를 보여요. 첫째, 배란이 일어나는 것을 방지하고 둘째, 자궁내막의 위축을 초래하여 수정란의 착상이 적합하지 않도록 만듭니다. 셋째, 난관의 운동성을 저하시키고 넷째, 자궁경관점액을 끈끈하게 만들어 정자의 통과를 막습니다.

그러나 복용 방법에 대해서 많이들 어려워하는데, 생각보다 어렵지 않으니 너무 겁먹지 않았으면 좋겠어요. 우선 복합경구피임약은 두 가지 타입으로 복용 방법을 분류할 수 있습니다. 첫 번째는 21일간 복용하고 7일간 쉬면서 그 기간에 소퇴성 출혈, 즉 월경이 일어나는 21/7일 용법과 두 번째는 24/4일 용법으로 24일의 피임약과 4일간의 위약을 계속해서 쉬는 기간 없이 먹는 복용 방법이 있습니다. 24/4일 용법은 4일간의 위약 복용 기간에 월경을 하는 거예요.

그렇다면 이러한 경구피임약은 언제부터 복용을 시작할 수 있을까요? 월경 주기에 맞춰 규칙적으로 월경을 하는 경우에는, 처음 복용 시 월경 시작 첫날(늦어도 5일 이내)부터 복용해야 합니다. 월경 시작일부터 매일 1정씩 순서대로 비슷한 시간에 복용하는 겁니다. 월경 시작 후 5일이 지나서 먹기 시작한 경우에는 시작 시점부터 7일간 성관계를 하지 않거나 콘돔 등의 다른 피임법을 같이 사용해야 합니다. 무월경이 지속되는 경우에는 임신이 아님을 확실하게 확인한 후에 어느 때나 먹기 시작할 수 있으나 역시 시작 시점부터 7일간 금욕이나 다른 피임법이 필요합니다.

매일 복용하는 것이 단점이라면 단점이라 할 수 있어요. 생활을 하다 보면 복용해야 하는 시간을 깜박 놓쳐 버리는 경우가 있거든 요. 따라서 복용 시간을 하루 중 가장 여유 있는 시간으로 잡아 놓 거나 알람 설정을 하는 등 여러 방법을 사용해 보세요.

복용을 깜빡한 경우에는 어떻게 해야 할까요? 원래 복용 시간에 서 12시간이 지나지 않았다면 걱정하지 말고 잊은 약 1정을 바로 복용하세요. 그리고 다음 날부터 제시간에 복용을 계속하면 피임 효과는 지속됩니다. 복용 시간보다 12시간이 지난 경우에도, 복용 을 잊은 약 1정을 바로 복용하고 그다음 약도 예정대로 똑같이 복 용하면 됩니다. 즉, 같은 날 2정을 복용하게 되는 거죠.

그런데 2정 이상을 잊어버리고 먹지 않았다면 안 먹었던 약 중 마지막 1정, 즉 하루 전날 약 1정과 제날짜의 약 1정, 즉 2정을 동시 에 복용하세요. 그리고 평소처럼 매일 그다음 약을 순서대로 복용 합니다. 단, 이렇게 복용 시간을 12시간 이상 놓쳤을 경우에는 피임 효과가 떨어지게 되므로 7일간은 금욕을 하거나 콘돔 등 다른 피임 법도 함께해야 합니다.

경구피임약은 높은 피임 효과 이외에도 월경통, 월경과다를 줄이 고 자궁외임신, 골반염, 난소낭종, 양성 유방종양 발생을 낮추는 이 점이 있어요. 최근에는 자궁내막암과 난소암 예방에도 도움이 된다 고 해요. 전문의와 상담을 하고 복용을 하게 된다면 훨씬 더 안전한 성 활동을 할 수 있으니 불안해하지 말고 사용해 보세요.

남성의 피임

콘돔

남성의 피임법에서 가장 쉽고 저렴하며, 제대로 사용할 경우 성병 예방도 되고 높은 피임 효과를 보이는 것이 바로 콘돔입니다. 콘돔은 성관계 시 음경에 착용하는 얇은 튜브 형태로 이루어져 있어요. 콘돔은 정액뿐 아니라 다른 체액 및 세균, 바이러스가 질, 직장, 입 등으로 들어가지 못하게 막는 장벽 역할을 하는 매우 중요한 피임 도구예요.

많이 받는 질문 중 하나가 콘돔이 얼마나 효과가 있는지에 대한 것인데요. 여기에 대한 답변은, 사람들이 콘돔을 얼마나 올바르게 사용하는지에 달렸다고 말하고 싶습니다. 제대로 사용할 경우 약

콘돔의 모양

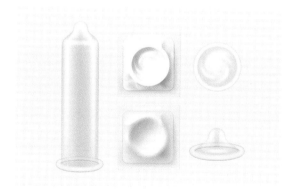

98%의 피임율을 나타내요.

콘돔 사용을 추천하는 또 다른 중요한 이유는 성전파성 질환 감염을 예방할 수 있기 때문입니다. 콘돔은 임질, 클라미디아, 헤르페스, 그리고 HIV(에이즈)와 같은 성병을 예방하는 데 매우 효과적인데요. 각각의 예방률은 질병에 따라 다릅니다.

예를 들어 HIV는 콘돔으로 거의 100% 예방할 수 있습니다. 그러나 가장 흔한 성병 중 하나인 인유두종바이러스는 음낭과 같이 콘돔 이외의 부위를 감염시킬 수 있으며 100% 예방이 어렵습니다. 그러니 그 감염율을 조금이라도 더 낮추기 위해서 남성들도 인유두종바이러스 예방 백신을 맞아야겠죠?

콘돔에는 여러 종류가 있는데 이는 재질, 사이즈, 윤활제 종류, 두께 등에 따라 다양하게 분류됩니다. 일반적으로 라텍스나 폴리아이소프렌, 폴리우레탄으로 만들어지는데 간혹 라텍스에 과민성을 보이는 경우라면 폴리아이소프렌이나 폴리우레탄으로 만들어진 제품을 사용해야 합니다.

또한 콘돔에는 윤활제가 얇게 코팅되어 있는데 이는 성관계 중 통증과 자극을 예방하기 위한 것이지만 콘돔이 찢어지는 것을 막아주기도 합니다. 만약 추가적으로 윤활제를 원한다면 수분 베이스로 된 윤활제를 사용하는 게 좋아요. 오일 베이스일 경우에는 콘돔을 오히려 손상시켜 피임 기능을 떨어뜨릴 수 있습니다.

콘돔에 대한 전반적인 사항들을 알았으니 이제는 실전으로 들어 갑시다. 콘돔은 당연히 미리미리 준비해야 하며 여러 개를 준비하 는 것을 추천해요. 또한 올바른 사용법도 알아야 당황하지 않고 콘 돔을 착용할 수 있겠죠?

콘돔 사용 방법

① 자신의 사이즈와 기호에 맞는 콘돔을 선택하고 유통기한 내 의 것인지 미리 확인한다.

② 음경이 발기가 되었는지 확인한다.

③ 콘돔이 찢어지지 않게 조심해서 포장지를 뜯는다.

④ 콘돔에 이상이 없는지 확인한다.

⑤ 정액이 고이는 부분이 위로 가도록 한다.

⑥ 콘돔을 아래로 내려서 음경 끝까지 씌운다.

⑦ 사용 후 정액이 흐르지 않게 음경에서 제거한 후 콘돔을 묶 어서 휴지통에 버린다(변기에 버리지 않는다).

⑧ 사용한 콘돔은 절대 재사용하지 않는다.

하지만 콘돔이 제대로 장착되지 않을 때도 있겠죠? 자연스러운 성관계에서도 콘돔이 찢어지거나 빠져 버리는 경우가 있고요. 만약 성관계 도중이나 이후에 이런 상황이 발생했다면 어떻게 하는 게 좋을까요?

이때는 반드시 추가 피임을 해야 해요. 콘돔은 남성의 피임법이기 때문에 여성도 이중으로 피임을 하는 게 가장 이상적이지만, 부득이하게 여성이 피임에 대한 준비를 하지 못했다면 '응급피임약(이전에는 사후피임약이라고 부르기도 했지요)'을 복용해야 합니다.

응급피임약은 성관계 후 원치 않는 임신을 예방하기 위해 사용하는 약으로 말 그대로 응급으로 하는 피임법입니다. 예전 1983년 응급피임약으로 이용했던 합성 에스트로겐인 DES는 태아의 기형을 유발하는 심각한 부작용으로 인해 최근에는 거의 사용되지 않아요. 이후 에스트로겐과 프로게스테론을 조합한 응급피임약이 나왔고 현재까지 전 세계적으로 많이 이용되고 있습니다. 성관계를 한 후

응급피임약의 복용 시간 및 효용성

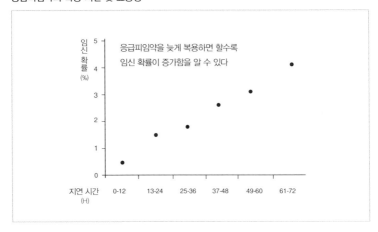

3일~5일이 지난 경우 구리 성분이 들어 있는 자궁내 피임장치(루프)를 삽입해도 응급 피임 효과를 볼 수 있어요.

그렇다면 응급피임약의 효과는 얼마나 될까요? 사실상 이 부분이 가장 중요하지 않을까 해요. 피임 성공률은 대략 75%인데요. 응급 피임약을 사용하지 않았을 때 발생할 수 있는 임신의 75%를 예방한다는 의미입니다.

성관계 이후 최대한 빨리 복용하는 것이 피임 확률이 높습니다. 성관계 후 첫 약물을 투여하기까지의 시간이 짧을수록 피임 성공률은 높아지며, 12시간이 경과한 뒤에 투여할 경우에는 임신 가능성이 50% 이상 증가합니다. 응급피임약을 먹는다고 100% 피임이 되는 건 아니기 때문에 응급피임약을 복용하고 3주가 지나도 월경을 하지 않을 경우에는 반드시 산부인과에 방문해서 임신 확인을 해야 합니다.

응급피임약은 일반적인 피임약보다 호르몬 용량이 10배~12배 정도 높습니다. 따라서 반복적으로 복용할 경우 신체적 부담이 크고 효과가 현저히 떨어지기 때문에 불가피한 경우에만 사용해야 합니다. 간혹, 피임에 실패하여 질 내에 사정이 이루어졌을 경우 급하게 스스로 질 내 세척을 하는 경우도 있는데 이런 행동은 전혀 도움이 되지 않아요. 근처 의원에 빨리 방문해서 응급피임약을 처방받고 복용하는 것이 훨씬 안전합니다.

데이트 폭력? No,
친밀한 관계에서의 폭력

안타깝게도 우리는 최근 들어 미디어에서 '데이트 폭력'이라는 말을 자주 접하곤 합니다. 단순하게 데이트 중에 일어나는 폭력이라고 생각할 수 있지만, 살인까지 일어나는 경우도 종종 있을 만큼 생각보다 심각한 문제입니다.

많은 데이트 폭력 가해자들은 '사랑해서 그랬다'라는 흔한 변명을 늘어놓는데요. '그랬다'라는 표현에는 심한 집착과 구속, 스토킹, 신체적 폭력, 심지어 살해 행위까지 포함됩니다. 사랑한 나머지 분노를 주체하지 못하고 '우발적' 범행을 저질렀다는 가해자의 서사에 설득당해 함께 고개를 끄덕이는 사람들도 어렵지 않게 볼 수 있습니다.

현재 '친밀한 관계 혹은 연인 사이에서 나타나는 폭력이나 위협'을 흔히 '데이트 폭력'이라 일컫습니다. '데이트'라는 로맨틱한 단어와 달리 이 폭력은 지속적이고 반복적으로 발생합니다. 재범률 또한 매우 높으며 친밀한 상태에서 나타나기 때문에 피해로 인한 파장은 더욱 크게 나타나요. 폭력 수위는 절대 친밀하지 않으며, 성적인 폭력 외에도 통제, 감시, 감금, 살인미수 등 복합적인 범죄로 이어지는 일이 다반사죠. 심지어 연인의 가족까지 살해하는 사건도 일어나고 있어요.

그래서 최근 선진국에서는 '데이트 폭력'이라는 용어 자체가 이러한 상황을 정확히 표현하지 못한다고 해서 '친밀한 관계에서의 폭력intimate partner violence, IPV'이라고 표현하고 있습니다. 그래서 이 책에서는 정확한 용어를 반드시 숙지하셨으면 하는 마음으로 불가피한 경우 외에는 '데이트 폭력' 말고, '친밀한 관계에서의 폭력'으로 지칭하겠습니다.

2022년 통계청이 발표한 「데이트 폭력의 현실, 새롭게 읽기」 보고서에 따르면 2020년 기준 경찰청 전국자료로 집계한 데이트 폭력 신고 건수는 1만 9,940건으로, 2017년 1만 4,136건 대비 41.1%나 급등한 수치입니다. 유형별로는 폭행·상해 7,003건(71.0%), 경범 등 기타 1,669명(16.9%), 체포·감금·협박 1,067명(10.8%), 성폭력

84명(0.8%) 순이었으며 끝내 살인으로 이어진 경우도 35건(0.3%)에 달했습니다. 그러나 알려진 수치는 실제 피해율에 비하면 극히 일부에 불과해요. 스토킹 피해자 10명 중 8명은 피해 당시 경찰에 도움을 요청하지 않았다는 연구 결과도 있고요. 이수정 경기대 교수 연구 팀이 국회에 제출한 연구용역 보고서에 따르면 스토킹 피해자 256명을 대상으로 설문조사한 결과, 206명(80.5%)이 경찰에 도움을 요청하지 않았다고 답했습니다.

이 문제는 부부 사이일 경우 가정폭력으로도 이어지기 때문에 결국 사회의 근간이 됩니다. 가장 보호받아야 할 가정이라는 울타리 자체가 가장 위험해지는 거죠. 최악은, 폭력이 세대를 통해 전달되고 이어져 내려갈 수도 있다는 점이에요.

이러한 친밀한 관계에서의 폭력에서 매우 중요하게 다뤄야 할 점은 '그루밍' 및 '가스라이팅'입니다. 우리는 앞장에서 이미 가스라이팅에 대해 이야기했어요. 이를 가능하게 하는 그루밍과 가스라이팅에는 '고립'이라는 것이 기저에 깔려 있지요. 여기서 고립은 심리적, 물리적, 사회적인 고립 모두를 뜻합니다.

그루밍 Grooming

'그루밍'의 사전적 의미는 길들이기, 꾸미기 등을 의미합니다. 그러나 우리가 말하고자 하는 성범죄에서의 그루밍은 '가해자가 성 착취를 목적으로 자신보다 경험이 부족하거나 미숙한 사람에게 접근해 신뢰 관계를 형성하는 것'을 뜻해요. 특히 이때의 대상은 성 인식이 아직 낮고 경험이 적은, 그리고 정서적, 경제적으로 취약한 상황에 있는 '아동이나 청소년(여성, 남성 모두 포함)'이 주 피해자가 됩니다.

겉으로 드러나는 폭력이나 협박이 없기 때문에 비판적인 시각으로 보지 않으면 피해자와 가해자가 마치 연인으로 보일 수 있습니다. 피해자 또한 가해자 외에는 의지할 곳이 없는 고립된 상태라, 자신이 성범죄의 대상임을 인지하기가 힘들고 설사 인지하더라도 주변에 알리는 것이 쉽지 않아요.

더 큰 문제는 '사회적 낙인'입니다. 이런 관계에서 폭력이나 살인이 일어날 경우 피해자가 '자발적'으로 가해자와 대화를 했고, '자발적'으로 촬영물을 보내는 등, 가해의 여지를 스스로 제공했다는 이유로 피해자에게 주홍글씨를 찍을 때가 많습니다. 피해자로 보지 않으려는 것이죠.

이러다 보니, 그루밍 성범죄는 피해자가 그루밍을 인지하기도 쉽지 않을뿐더러 도움을 요청하기도 어렵습니다.

특히 이 시기의 아동, 청소년들은 주변 친구들과 환경의 영향을 지대하게 받고 또래집단에서의 위치가 중요하기 때문에 부모와의 소통이 아무래도 감소하게 되죠. 부모가 걱정할까 봐 말을 못 하거나, 혼날까 봐 혼자서 끙끙 고민을 안고 있는 경우가 많아요. 그루밍은 아이들의 이런 심리를 악용하여 고민 상담을 해 주겠다거나, 경제적 지원을 해 주겠다는 등 경계심을 무너뜨리고 신뢰를 얻어 친밀한 관계를 만드는 것을 첫 단계로 삼습니다. 피해자가 스스로 성관계를 허락하도록 만드는 것이 전형적인 그루밍 성범죄의 과정이지요.

그러다 보니 폐쇄적인 환경에 놓여 따뜻한 손길이 필요한 아이들이 범죄의 표적이 되는 경우가 많습니다. 부모나 학교 선생님의 관심을 받지 못하거나, 또래집단에서 인정받지 못하는 아이들이 대표적이에요. 즉, 이렇게 준거 집단과 사회, 가정에서 고립되는 아이들일수록 그루밍 성범죄의 위험 가능성이 더욱 커지게 됩니다.

그루밍 성범죄는 단계적으로 이루어지는데, 그 단계를 6단계로 나누어 설명할 수 있어요.

그루밍 성범죄의 단계

① 피해자 물색, 접근하기

② 피해자와 신뢰 쌓기

③ 피해자의 욕구 충족시키기

④ 피해자 고립하기

⑤ 피해자와 자연스러운 신체 접촉을 유도하며 성적인 관계 형
   성(성 착취)

⑥ 회유와 협박을 통한 통제

　사실 그루밍 범죄는 최근 나타난 새로운 형태의 범죄가 아닙니
다. 국내 한 아동청소년성폭력상담소에서 2014년도부터 2017년도
6월까지 접수된 미성년자 성폭력 상담 사례를 분석한 결과 전체
78건 중 그루밍 수법에 따른 사례는 34건에 달했습니다. 거의 50%
에 가까운 수치였죠. 그루밍 성범죄의 경우 '길들여졌기'에 피해 사
실을 초기에 바로 알아채지 못하는 경우가 많아 피해 기간이 긴 경
우가 많습니다. 자아를 잃어버린 상태로 가해자에게 의존하고, 고립
의 덫에 걸려 도움을 요청하기 어려운 그런 무력한 상태가 되는 것
입니다.

　그루밍에 대한 이해도가 떨어지는 우리나라와 달리 영국에서는
2017년 4월, 그루밍 초기 단계부터 가해자를 처벌하는 법이 통과되
었습니다. 즉, 성적인 행위가 일어나기 전 단계에서도 범죄자로 간
주하는 것입니다.

18세 이상 성인이 미성년자를 대상으로 온/오프라인에서 성적 행위를 요구하거나 이를 목적으로 대회를 시도하면 처벌 대상이 됩니다.

미국에서도 우리나라보다 좀 더 적극적으로 대처합니다. 특별한 사유 없이 아동에게 선물이나 돈을 주는 행위, 부모의 동의가 없는 상태로 미성년자를 만나는 행위 등을 그루밍 성범죄가 발생할 수 있는 상황으로 간주해 처벌하고 있죠.

우리나라에서도 이러한 그루밍 관계에 대해 적극적인 관여가 필요합니다. 제일 중요한 것은 피해자가 그루밍이라는 범죄의 존재를 인식하는 일입니다. 그래서 범죄가 발생하기 전에 주체적으로 주변에 도움을 요청하고 해결할 수 있도록 사회적으로 도움을 주어야 하는 것이죠. 개인, 가족, 사회의 단위에서 적극적으로 교육을 하는 것도 필요합니다.

무엇보다 가족 단위가 잘 유지되어야 하고 가정 내에서 자녀와 부모의 정서적인 연결이 가능해야 합니다. 평소에도 부모와 자녀가 서로의 경계를 지키며 평등하고 긴밀하게 소통할 수 있어야 합니다. 그것이 가장 좋은 예방법이에요. 이런 과정에서 우리는 그루밍이라는 존재도 수월하게 인식할 수 있으니까요.

사람들은 흔히 친밀한 관계에서의 폭력이라고 하면 신체적 폭력만을 떠올리곤 하지만, 이는 빙산의 일각일 뿐입니다. 학자들에 의하면 친밀한 관계에서의 폭력에 있어서 핵심은 '강압'과 '통제'라는 과정입니다.

강압은 타깃이 되는 사람의 의사와 상관없이 순종을 조건으로 합니다. 순종했을 때에는 보상을 주지만 순종하지 않았을 때에는 나쁜 대가를 치르게 하는 힘으로 정의할 수 있어요. 예를 들면 "네가 ○○하지 않았으니 넌 맞아도 싸", "부모님이나 아이, 애완동물 등 너의 소중한 것들을 죽여 버릴 거야", "우리가 찍은 동영상, 네 나체사진들을 퍼트려서 사회생활을 못 하게 만들겠어", "악의적인 소문을 내 버리겠어" 등이 있습니다. 이런 문장들이 크게 놀랍지 않은 사회적 분위기가 많이 안타까울 뿐입니다.

그럼에도 불구하고 어떤 사람들은 여전히 묻겠죠. 피해자가 순종하지 않으면 되는 거 아니냐고요. 순종하는 것 또한 자기 선택이 아니냐면서요. 그래서 그런 생각을 가진 사람들이 피해자에게 '본인이 선택한 거 아니냐' 또는 '좋아서 한 거 아니냐'며 비난을 쏟는 경우를 종종 볼 수 있습니다.

그러나 많은 전문가들은 피해자가 요구를 따르지 않을 경우 상당한 대가를 치를 위험이 존재하고, 사실상 굴복을 강요받는다는 점을 강조하고 있습니다. 이런 선택은 온전히 본인의 자유의지에 의한 선택이 아니라는 거예요. 예를 들자면 회사에서 야근을 하거나 회식에 참석하는 것들이 온전한 나의 자발적인 행위가 아닌 것처럼 말이죠.

피해자들은 경찰이 이 상황을 믿어 줄지조차 석정스럽기 때문에 신고도 마음 편히 하지 못합니다. 보통 경찰관들은 가족이나 연인 관계에만 초점을 두고 단순 갈등이나, 관계를 회복하려는 가해자의 시도 정도로 받아들여 신고 취소를 종용합니다. 오히려 가해자의 서사를 따라 가해자 편을 드는 등 2차 피해를 가하는 경우도 꽤 일반적이거든요.

가까운 관계에서 일어나는 폭력을 '사랑 싸움'으로 간주하지 않게 된 지는 안타깝게도 오래되지 않았습니다. 미국에서는 1990년 캘리포니아주를 시작으로 모든 주가 반(反)스토킹법을 제정했고, 일본에서는 2000년 스토커 규제법이 제정되어 데이트 중 일어난 폭력도 가정폭력으로 보고 있어요.

우리나라는 이제 시작인 걸음마 단계입니다. 우리나라의 '스토킹 범죄의 처벌 등에 관한 법률(스토킹 처벌법)'은 지난 2021년 3월 24일 국회를 통과해 10월 21일부터 시행되었으나 여전히 불완전한 구멍이 많아 실질적으로 피해자가 가해자의 보복이나 접근에 대해 보호받지 못하는 실정입니다.

그러니까 더 이상 연인 사이에서 벌어지는 폭력이나 살인 등을 '데이트 폭력'이라는 낭만적인 용어로 불러서는 안 됩니다. 연인 간의 다툼으로 치부하기에 이미 우리는 너무나 많은 희생과 죽음을 접했어요. 따라서 '데이트 폭력'이라는 용어가 아닌 '교제 폭력', 나아가 '교제 살인', '친밀한 관계에서 일어난 범죄'로 바꿔 부르는 게 타당합니다.

왜 적극적으로 대응하지 못했냐는 피해자에 대한 비판도 멈춰야 합니다. 현실적으로 가해자에 대한 대응이 쉽지 않다는 걸 이제 우리는 알아야 해요.

가해자의 더 큰 보복이 예상 가능한 데다 이미 피해자의 거주지를 가해자가 알고 있는 경우가 많아요. 혹여나 피해자의 가족들까지 해를 입을 수도 있고요. 그렇게 폭력과 살인은 '우발적'이라는 가해자 서사에 맞춰서 포장되고, 계속해서 또 다른 심각한 범죄들을 낳고 있습니다.

일반적인 살인, 방화, 강도 등 다른 강력 범죄에서는 '피해자다움'을 요구하지 않습니다. 그러나 이런 친밀한 관계에서의 폭력 범죄나 성범죄 피해자에게만큼은 특정한 모습을 요구합니다. 자신 없고, 움츠러들고, 눈물 흘리고, 계속 고통받고, 죄책감과 수치심을 느끼는 모습, 즉, 피해자다워야 피해자로 인정해 준다는 거죠.

피해자가 친밀한 관계에서의 폭력 및 성범죄를 적극적으로 밝히거나 일상생활을 문제없이 해 나가면, 심한 경우 '꽃뱀'이라는 사회적 낙인을 찍기도 합니다. '문란하니 범죄를 당한다'는 식의 논리, 많이 들어 보았을 겁니다. 이런 사회적 낙인, 고정관념이 우리 사회에 팽배해 있으며 이 고정관념이 가해자, 범죄자들의 서사를 더욱 강화하고 있습니다.

분명한 것은 이 낙인과 고정관념을 사회 구성원들이 깨부수어 새롭게 정의하고 인식하는 게 우리 모두가 한 단계 나아가는 길일 겁니다.

Q. 학생도 응급피임약을 처방받을 수 있나요?

가능합니다. 당연히 미성년자도 처방이 가능해요. 물론 너무 자주 사후피임약을 먹는다면 몸에 좋지는 않죠.

일반적인 복합경구피임약에 비해서 사후피임약은 고용량의 호르몬제가 포함되어 있기 때문에 메스꺼움, 구토, 설사, 월경 주기 변화 등의 부작용이 발생할 수 있습니다. 따라서 평소에 피임을 제대로 해야겠지요.

Q. 처음 관계할 때 피가 나는 게 정상인가요?

꼭 그렇지는 않아요. 그것이 마치 순결의 상징인 양 여전히 통용되고 있는데 이는 잘못된 고정관념이랍니다. 우리 질 입구에 얇은 막처럼 존재하는 것을 '질 입구 주름'이라고 합니다. 질 입구 주름의 모양은 사람마다 천차만별이며 이것이 없는 여성도 존재해요.

또한 첫 성 경험 이전에 월경컵이나 탐폰을 사용했다면 첫 성관계 시에 피가 나지 않을 수 있으며 여러 체육활동 등도 영향을 미치기 때문에, 처음 관계할 때 피가 안 날 수 있어요.

Q. 아이가 친밀한 관계에서의 폭력을 당한 걸 알게 되었어요. 어떤 조치를 취하면 될까요?

가장 우선시 되어야 하는 것은 가족, 친구, 전문가의 도움을 구하는 거예요. 또한 아이가 고립되지 않게 혼자 있는 시간을 줄여야해요. 이어서 아이의 신체적, 정신적 피해에 대해서 적절한 치료를받을 수 있도록 해 주세요. 제일 중요한 것은 건강이며, 또한 기록을 남기는 것이 추후에 증거가 될 수 있습니다.

만약 성폭행이 있었다면 '해바라기센터'를 방문하세요. 신고 및정액 채취가 가능합니다. 그 외에도 '한국여성의전화'에 연락을 취해 증거를 남기는 것이 도움이 될 수 있어요. 폭행당한 날짜와 시간, 장소를 기록하고 문자나 대화 내용 등을 녹음하는 등 증거 자료를 남기는 일도 중요합니다.

Q. 양육자-아이 간의 가스라이팅도 조심하고 싶어요. 가스라이팅이 쉽게 벌어질 만한, 그래서 양육자가 특히 주의해야 할 상황이 있을까요?

보통 부모가 아이에게 자주 하는 말 중에 "너 때문에 정말 속상하다. 네가 잘되길 바라니까 이렇게 하는 거야. 나니까 너를 이렇게받아 주는 거지. 네가 나 아니면 뭘 하겠니?" 식의 말이 있습니다.

이런 말들을 조심하세요.

양육의 궁극적인 목표는 아이를 독립시키는 것이지 아이가 내게 의지하게 만드는 것이 아닙니다. 심리학자이자 정신분석학자인 로빈 스턴은 가스라이터들에게 이렇게 말합니다. "그것은 사랑이 아니다"라고요.

Q. 초등학생이 임신했다는 소문을 종종 듣는데, 만에 하나 우리 아이도 그런 일을 겪을까 봐 무서워요. 그래서 저도 모르게 과한 억압과 집착을 하게 되는데, 그런 마음이 들 때 좋은 방법이 없을까요?

초등학생이 임신했다는 소식들이 종종 들리긴 하지만 다행인 것은 여전히 소수라는 것입니다. 엄마가 아이와 제대로 된 신뢰 관계를 쌓고 있다면 이는 크게 걱정하지 않아도 될 문제라고 생각합니다. 아이가 걱정되는 것은 사실이지만 그래도 아이를 믿어 주고 제대로 된 성교육을 해 주려고 노력한다면, 그리고 아이와의 관계를 온전하게 만들어 간다면 그런 걱정은 잠시 내려 두어도 되지 않을까요? 또한 아이가 외출할 때 규칙과 약속을 함께 만든다면 최소한의 안전장치가 있으니 조금 안심이 되지 않을까 싶습니다.

명심해야 할 건, 24시간 365일 아이를 계속 내 품 안에 둘 수는 없다는 사실입니다. 아이가 스스로 자립심을 갖고 스스로를 보호할 수 있도록 만들어 주는 게 결국 부모의 역할이니까요.

PART 6

누구나 걸릴 수 있는 성병

✳

윤동희 비뇨의학과 전문의

성병 파헤치기

　성관계는 즐겁고 아름다운 것이지만 두 가지 큰 문제로 인해 공포와 혐오의 대상이 되기도 합니다. 문제는 바로 성병, 그리고 원치 않는 임신이에요. 성병에 대해 잘 모르는 사람부터 반대로 너무 많이 공부한 후 과도하게 두려워하는 사람도 있을 거예요. 그래도 성병에 대해 잘 아는 것이 당연히 좋습니다. 무지하고 무관심한 상태에서 감염이 된다면 심각한 후유증이 발생하거나 또 다른 이에게 전염시킬 수 있어 더욱 더 큰 문제가 되니까요.

　그럼 성병이란 무엇일까요? 성병은 성관계 또는 성적인 접촉을 통해 전염되는 감염성 질환을 말합니다. 고상한 말로 하면 '성전파성 질환STD'이라고 부르는데요. 성접촉을 통해 일어나는 감염 중 모두가 병을 일으키는 것은 아니기 때문에 요즘은 좀 더 큰 개념으로 '성매개감염STI'이라고 부르는 경우가 많아요. 상식적으로 'STD', 'STI'라는 약어는 알아 두면 좋아요.

성적인 접촉이 있는 한 성병은 매우 가까이에 있어요. 그리고 성병의 원인균이나 바이러스는 인체에 정상적으로 존재하지 않아요. 대부분 성적 접촉을 통해(물론 예외는 있습니다) 전염되는데 성기나 구강 내에서 잘 번식합니다. 성적으로 문란한 경우에만 생기는 거라고 생각할 수도 있지만 나와 상대가 모두 첫 경험이 아닌 이상 감염 위험성은 언제든 존재합니다.

상대방이 이전 성관계에서 바이러스에 감염되었고 무증상 또는 경미한 증상으로 이를 인지하지 못한 상태에서 나와 성관계를 하면 내게도 전염이 되는 것이죠. 남성의 요도염, 여성의 질염, 자궁경부암, 성기사마귀의 원인인 인유두종바이러스 감염, 완치가 안 되는 것으로 알려진 헤르페스 바이러스HSV 감염, 나아가서는 매독이나 HIV(에이즈) 감염에 이르기까지 다양한 성병이 있습니다. 진료실에서 자주 볼 수 있는 성병들 위주로 이야기해 볼게요.

클라미디아

원인균인 클라미디아 트라코마티스는 가장 흔하게 나타나는 세균성 성전파성 질환 즉, 성병입니다. 직접 접촉이나 출생 시 엄마의 산도를 통해 점막에 직접 노출됨으로써 발생하는데, 여성에게는 주로 자궁 입구인 자궁경부가, 남성에게는 요도가 주 감염부위예요.

한 23세 남성이 일주일 전부터 소변볼 때 약간의 찌릿한 통증, 요도 가려움증, 요도에서 하얀색 분비물이 나오는 증상들 때문에 찾아온 적이 있어요. 여자 친구와 9개월간 성관계를 해 오면서 전혀 문제가 없었고 다른 성관계는 없었다고 했죠. 콘돔 사용에 대해 물어보니 항상 콘돔을 사용해 왔으나 20일 전 딱 한 차례 콘돔 없이 성관계를 했다고 하였습니다. 전형적인 클라미디아 요도염의 증상이었고 검사 결과 역시 클라미디아균이 검출되었죠. 다행히 먹는 항생제 투약으로 완전히 치료할 수 있었어요.

클라미디아는 대표적인 성병균입니다. 앞서 소개한 환자와 비슷한 증상이 생기는데, 때로 증상이 약해서 못 느끼는 사람도 있어요. 특히 여성 감염자들의 약 90%가 무증상이에요. 따라서 알아채기가 정말 쉽지 않아요.

이러다 보니 감염과 후유증의 처치가 간과되기 쉬운 성병 중 하나입니다. 따라서 주기적으로 검사를 받는 게 중요하고, 정보가 적은 파트너와 섹스를 하게 되었을 때는 여성의 경우 증상이 없어도 질 분비물 검사를 받는 것이 이런 무증상 감염을 빨리 알아챌 수 있는 방법이 될 수 있습니다. 과거 성병에 걸렸던 적이 있는 사람, 새로운 성 파트너가 생겼다거나 다수의 성 파트너가 있는 경우, 콘돔을 잘 사용하지 않는 경우에는 더욱 주의해 주세요.

특히 여성의 클라미디아 감염은 골반염, 자궁내막염, 난관염으로 인한 불임과 자궁외임신과 같은 합병증이 발생할 확률이 높아지기 때문에 최대한 빨리 발견하고 적극적으로 항생제 치료를 받는 것이 필요해요.

후유증 발생률이 높고 심각한 질환이기에 치료 후 3주~4주가 지났을 때에도 재검사를 시행해야 하고 성 파트너에 대한 평가와 치료도 반드시 시행해야 합니다. 성 파트너를 통한 감염이 75%가 넘으므로 감염을 진단받은 경우 반드시 성 파트너와 함께 치료해야 합니다. 치료하지 않을 경우 남녀 모두에서 심각한 합병증을 일으킬 수 있어요.

클라미디아균은 먹는 항생제 투약으로 치료할 수 있습니다. 참고로, '마이코플라즈마 제니탈리움'이라는 성병도 클라미디아와 비슷한 증상을 일으킬 수 있는 또 다른 질환이에요. 이 균은 증상이나 후유증은 경미하지만 항생제 내성이 있는 경우가 많아서 항생제를 적절히 투약해도 균이 박멸되지 않을 수 있어요.

임질

임질의 원인균은 임균으로 두 번째로 흔한 세균성 성전파성 질환이에요. 성 파트너도 함께 치료해야 하는 성병입니다. 남성의 경우 대부분 요도 감염 증상을 일으키기 때문에 감염에 대한 인지가 일찍 이뤄져 빠르게 치료할 수 있지만, 여성의 경우 균의 전파를 막을 수 있을 만큼 재빠른 치료가 어려워요.

남성은 보통 성관계 후 3일~5일에 요도 통증, 배뇨통(작열감), 그리고 요도 안쪽의 염증 때문에 팬티가 누렇게 떡이 될 정도로 심한 분비물을 유발합니다. 증상이 심해서 빨리 병원에 내원하는 경우가 많기는 하지만, 혹시라도 치료가 늦을 경우 요도 전체의 염증으로 인해 심한 요도협착, 부고환염을 일으키고 남성 불임의 원인이 될 수도 있습니다.

문제는 여성의 경우 증상을 못 느끼는 경우가 많다는 점입니다. 이 경우 후유증이 심각한데요. 불임, 자궁외임신을 일으킬 수 있는 골반염이 발생할 때까지도 증상이 없을 수 있어요. 더구나 후유증 확률이 50%까지 달합니다! 따라서 주기적인 검진만이 가장 바람직

한 방법이 되겠죠.

앞서 말했던 것처럼 성병에 걸렸던 적이 있다거나, 새로운 성 파트너가 생겼다거나, 다수의 성 파트너가 있거나 콘돔 사용을 제대로 하지 않는 경우 감염 가능성이 높아집니다.

대부분 생식기의 국소적 감염이지만 간혹 상부 생식기로 전파되어 림프선이나 혈행성 전파로 전신 감염을 일으키는 경우도 있어요. 가장 흔한 증상으로는 자궁경부와 요도 감염에 의한 작열통, 빈뇨, 배뇨 곤란, 화농성의 질 분비물, 발열 등이 있습니다.

임질에 감염이 되었다면 다른 클라미디아나, 트리코모나스 감염이 동반된 경우가 많으므로 함께 검사를 시행해야 해요. 콘돔으로 감염을 막을 수는 있지만 구강성교를 통해서도 감염되는 질환입니다. 실제 구강성교를 통해 감염되는 가장 흔한 성병인데요. 임질 외에도 구강성교를 통해 헤르페스바이러스, 매독, 인유두종바이러스 감염이 비교적 흔하게 발생할 수 있고 그 외 클라미디아, HIV 감염도 발생할 수 있어요.

임질은 증상만으로도 진단이 가능하기 때문에 PCR 검사 결과가 나오기 전에 치료를 시행하는 경우가 많습니다. 임질은 완치가 가능한 질환이며, 역시 파트너 공동 치료는 필수입니다.

인유두종바이러스 HPV

이번에는 주로 피부에 문제를 일으키는 감염을 이야기해 볼게요. 먼저 최근 문의가 많아진 인유두종바이러스 감염에 대해 알아보겠습니다. 아무래도 성관계로 인한 감염으로 암이 생길 수 있다는 점이 크게 다가올 수밖에 없지요. 하지만 저는 주로 남성을 진료하기에 여성과는 사뭇 다른데요. 남성은 자궁경부가 없기 때문에 여성에 비해 HPV 감염에 대해 경각심이 덜한 것이 사실이에요.

성관계를 통해 감염되는 HPV는 고위험군, 저위험군(중등도위험군)으로 나뉘는데, 고위험군은 자궁경부암 등 암을 일으킬 위험이 있는 바이러스라는 뜻이에요. 이에 비해 저위험군 중 일부는 성기사마귀(곤지름, 콘딜로마)를 일으킬 수 있어요. 남성은 자궁경부가 없기에 암의 위험성은 낮지만 저위험군 바이러스에 의한 성기사마귀는 흔하게 발생합니다. 드물게 음경암, 항문암(항문성교를 한 경우), 인후암을 일으킬 수 있기도 하고요.

성기사마귀는 점 같은 모양에서 큰 브로콜리 같은 모양까지 다양한 형태로 발생할 수 있습니다. 음경, 치골 부위(음모에 가린 부분), 음낭, 심지어 요도 입구까지 다양한 부위에 생길 수 있어요. 또한 구강이나 항문 주위에도 생길 수 있고요. 통증이나 가려움이 전혀 없기 때문에 모르고 있다가 징그러운 모양의 사마귀나 이전에 없던 점

같은 모양이 많아지는 걸 샤워 중 또는 상대에 의해 우연히 발견하고 오는 경우가 많아요.

콘돔을 항상 착용한 경우 귀두, 요도 입구 쪽으로는 감염되지 않지만 콘돔으로 막지 못한 부위, 특히 음모에 가려져 있는 음경 뿌리 쪽에 사마귀가 생기는 경우가 많습니다. 다행히, 성기사마귀는 보기에 좋지 않고 전염성이 있지만 저위험군 바이러스에 의한 경우가 대부분이라 위험한 질환은 아니에요. (저위험군 바이러스가 고위험군으로 바뀌는 일은 없습니다.)

성기사마귀가 의심될 경우 보통 육안 진찰만으로 진단이 가능하며 전기소작, 냉동치료 등 여러 방법으로 제거할 수 있습니다. 제거된 조직으로 조직검사 및 HPV 검사를 시행하기도 해요. 물론 재발 가능성은 높은 편이지만 재발하더라도 대부분의 경우 다시 완전히 제거할 수 있어요.

중요한 점은 성기사마귀 자체는 불쾌하긴 하지만 위험한 질환이 아니라는 거예요. 또한 완치가 안 되는 질환으로 알고 있는 경우가 많은데, 그렇지 않습니다. 수차례 재발할 수 있지만 완치될 수 있고 HPV 감염은 질환을 일으키지 않은 경우 2년~3년 내로 자연적으로 사라지는 것으로 알려져 있어요. 다만 고위험군 바이러스가 함께 감염되어 있을 가능성이 있기에 경각심을 가질 필요가 있답니다. 여성의 경우에는 자궁경부암으로까지 이어질 수 있으니 꾸준한 검진과 면역력 관리를 통해 바이러스가 발현되지 않도록 최대한 조심하는 것이 좋습니다. 자연스럽게 사라질 수 있도록 꾸준한 관리가 필수예요.

HPV예방접종(가다실)을 남성도 맞아야 하는지 문의하는 경우가 많아요. 당연히 남성도 맞아야 합니다. 인유두종바이러스는 서로 전염을 일으키는 질환이니까요. 많은 비뇨의학과 의원에서 포경수술을 받는 청소년기 아이들에게 가다실 접종을 권하고 있어요. 모든 남자가 포경수술을 받는 건 아니지만 이 시기에 접종을 함께하는 것이 매우 적절한 선택이거든요.

매독

매독은 위에서 소개한 임질과 더불어 전통적인 성병이에요. 1492년 신대륙을 발견한 콜럼버스가 유럽으로 가져온 매독은, 감염 후 며칠 안에 사망에 이를 정도로 당시에는 매우 치명적인 균이었어요. 하지만 페니실린 등 항생제의 등장 후 크게 감소되어 이름은 들어 봤어도 실제 걸리는 사람은 드문, 의사들도 잘 모르는 균이 되었습니다. 하지만 이 매독은 최근 다시 가파른 증가세를 보이고 있는데요. HIV 환자들에게 동반되어 발생하는 경우가 많습니다.

매독은 아주 특이한 형태의 세균인 매독균 감염으로 발생해요. 통증을 유발하지 않는 궤양이 성기에 생기는 감염 초기의 1기 매독, 그리고 가려움증이 없는 전신 피부발진이 생기는 2기 매독의 시기를 겪게 됩니다. 이때 제대로 치료를 하지 않을 경우 신경을 침범하는 3기 매독(신경매독)을 일으키기도 해요. 감염되었으나 아무 증상 없이 지나가서 잠복 매독이 되거나 1기 매독의 시기를 거치지 않고 바로 피부발진이 발생하는 2기 매독으로 오는 경우 등 다양한 경과를 겪기도 합니다. 2기 매독의 시기에 피부발진에서도 매독균이 검출되고 이를 통해 전염이 일어나기도 하고요.

보통 1기 매독이나 2기 매독을 의심할 만한 증상이 있거나 상대가 매독을 진단받은 후, 혹은 의심되는 성관계 후 내원해서 진단받는 경우가 많아요. 매독이 의심되는 경우 의심 부위에서 직접 PCR 검사 등을 통해 매독균을 확인하기도 합니다. 혈액검사를 통해 매독에 대한 반응으로 나타나는 매독혈청검사를 시행하여 진단하기도 하고요. 매독을 진단받은 경우 다른 성매개감염을 동반하는 경우가 많으므로 이에 대해서도 함께 검사를 해야 해요.

보통 가장 오래된 항생제인 페니실린 근육주사를 통해 치료를 하는데 매우 아프고 부작용 가능성도 있지만 특효약입니다. 페니실린 알레르기가 있는 경우 먹는 항생제인 독시싸이클린을 투약할 수 있지만 이는 치료 실패율이 높습니다.

헤르페스바이러스

헤르페스바이러스는 1형과 2형이 있는데, 1형은 단순포진이며 피곤할 때 입술에 물집이 잡히는 바로 그 바이러스예요. 매우 흔하고, 어린 시절 부모와의 접촉으로 감염되기도 쉽습니다. 그래서 온 가족이 감염되기도 해요.

1형 바이러스는 증상이 경미하고 성병으로 분류되지 않습니다. 반면에 2형 헤르페스바이러스는 '성기 헤르페스'라고 불리는데, 보통 성기 부위에 여러 개의 물집(군집성 수포)을 일으키고 통증을 동반해요. 이 바이러스는 재발 가능성이 있고 아직까지 완치가 없다는 점, 그리고 매우 드물지만 출산 시에 산모의 외음부에 있는 바이러스에 의해 신생아 감염이 일어날 경우 위험할 수 있다는 문제가 있습니다.

감염 초기에는 자주 재발하는 경향을 보이는데, 처음에는 증상이 심하고 자주 재발하더라도 시간이 지남에 따라 점차 재발 빈도가 낮아지고 증상도 덜해져요. 너무 자주 재발할 경우에는 항바이러스제를 매일 복용하는 억제요법을 쓸 수도 있어요.

완치가 불가능하다는 생각 때문에 많은 분들이 공포를 느끼고 이미 감염된 사람들은 심하게 좌절하기도 합니다. 하지만 성관계를 하는 이상 누구나 감염될 확률이 분명히 존재하고 잘 관리하면 큰 문제가 되지 않는 질환이기 때문에 너무 심각하게 생각하지 않아도 좋겠습니다.

인체면역결핍바이러스_{HIV}

인체면역결핍바이러스는 후천성면역결핍증, 이하 에이즈를 일으킬 수 있는 바이러스입니다. 만약 이 바이러스에 옮아 에이즈가 발병하면 면역이 저하되고 각종 세균 및 바이러스에 감염되어 사망에 이를 수 있는 질환이에요.

에이즈가 처음 알려졌던 1980년대 초반에는 그야말로 감염되면 곧 사망에 이르는 공포의 질환이었으나, 지금은 그렇지 않아요. HIV에 감염이 되어도 적절한 항바이러스제 치료를 통해 전염력을 낮춘 채로 살아갈 수 있는 만성질환이 되었습니다.

그럼에도 불구하고 아직까지 에이즈가 공포의 대상인 것은 사실이며 완치가 되지 않는다는 점에서 심한 좌절감을 겪게 되죠. 예방을 위해서는 콘돔 사용이 중요해요. 특히 남성 동성애자라면 콘돔 사용을 더더욱 철저히 하는 것을 추천해요.

성병의 예방

　　사람들이 의심가는 증상이 있어서 검사를 받고 싶은데도, 비뇨의학과나 산부인과를 부담스러워하고 부끄러워해서 못 오는 경우가 많아요. 하지만 성 경험이 있다면 누구든 걸릴 수 있는 감염이라는 점을 꼭 인지하고 빠른 시일 내에 내원하여 검사를 받는 게 무엇보다 제일 중요합니다. 그러나 최선의 치료는 예방이죠. 성병 예방의 두 가지 방법을 알려 드릴게요.

성매개감염 검사

　성매개감염에 대한 검사는 새로운 파트너와 첫 성관계 전, 그리고 활발한 성생활을 하는 경우에는 1년에 한 번 정도 주기적으로 시행하는 것을 권해요. 성매개감염 진료를 위해 비뇨의학과나 산부인과에 내원을 하면 먼저 성 접촉력과 의심되는 증상이 있는지 확인 후 필요한 검사를 하게 됩니다. 성 경험이 있다면, 증상이 없더라도 성매개감염이 되어 있을 수 있어요. 콘돔을 잘 사용하였다면 그 가능성이 매우 희박하겠지만요.

　남자의 경우 초기뇨, 여자는 질 분비물 검사를 이용해서 PCR검사를 시행합니다. 혈액검사를 통해 확인할 수 있는 감염은 매독, HIV, 그리고 헤르페스바이러스가 있어요. 그렇다면 검사 결과 양성 항목이 있으면 어떻게 해야 할까요? 요도염이나 질염을 일으키는 세균 감염의 경우 적절한 항생제 투약을 통해 치료할 수 있답니다. 성병의 종류에 따라 파트너 공동 치료도 시행해야 해요. 상대방이 검사에서 음성이 나왔다 하더라도 함께 치료해야 합니다.

콘돔 사용

거의 대부분의 성병은 콘돔 사용을 통해 예방할 수 있어요. 콘돔을 사용해도 걸리는 경우는 첫째, 콘돔으로 막을 수 없는 부위(음낭, 음경뿌리 부위 등)에 헤르페스, 성기사마귀 등의 질환이 생길 수 있으며 둘째, 콘돔을 제대로 사용하지 않은 경우 (관계 중 피임을 위해 사정 직전에 끼거나 반대로 사정이 안 되어 나중에 벗거나, 아님 단 한 번이라도 콘돔을 사용하지 않은 경우까지 모두 해당), 셋째, 콘돔 착용 전 구강성교로 감염된 경우가 있는데, 이외에는 거의 없습니다. 성관계는 당연히 콘돔을 끼고 하는 것이라는, 세뇌에 가까운 교육이 필요합니다. 여성과 남성 모두에게 중요하므로 콘돔 사용을 제안하는 일을 부끄러워해서는 안 되겠지요? 그러니까 자녀의 책상 서랍에서 콘돔을 발견하더라도 화내지 마시고 오히려 칭찬해 주세요. 만약 자녀가 너무 어린 나이라면 왜 샀는지, 성 경험 여부 등을 확인해 볼 필요가 있겠지만요. 중요한 건 콘돔을 발견했다고 해서 혼내기보다 안전한 섹스에 관해 대화를 나누는 기회로 승화시킬 필요가 있다는 거예요.

Q. 성관계를 안 해도 성병에 걸릴 수 있나요?

성병은 기본적으로 성적 접촉을 통해 생기는 질환입니다. 성적 접촉에는 질내 성관계뿐 아니라 구강성교 등도 포함됩니다. 일상생활로 감염될 확률은 없거나 극히 낮습니다. 많은 분들이 걱정하는 대중목욕탕 이용이나 수건을 함께 사용하거나 가벼운 신체 접촉 등은 대체로 문제가 되지 않습니다.

Q. 성기에 여드름이 나기도 하나요? 이것도 성병인가요?

성기 피부도 피부이기 때문에 종기 같은 것이 나기도 하지만 성병은 아닙니다. 그렇지만 성기 피부에 생긴 질환은 산부인과나 비뇨의학과에 내원하여 진료를 받는 것을 권장합니다.

Q. 성병 검사 방법에는 어떤 것들이 있나요?

가장 기본적인 검사는 요도염, 질염을 일으키는 균에 대한 소변검사나 질 분비물 검사를 통한 PCR 검사입니다. HIV, 매독, 헤르페스바이러스와 관련해서는 혈액검사가 있으며, 피부에 생기는 질환에 대한 육안적인 진찰, 피부에서의 HPV 검사 등이 있습니다.

Q. 성병을 예방하는 방법에는 어떤 것들이 있나요?

성관계 시 처음부터 끝까지 콘돔을 제대로 착용하는 방법과, 파트너와 처음으로 성관계를 하기 전 성병 검사를 통해 감염 여부를 미리 확인하는 것이 가장 좋은 방법입니다.

Q. 청소년들도 성병 검사를 해야 하나요?

청소년이건 성인이건 아직 첫경험 전이라면 성병 검사가 필요하지 않습니다. 하지만 성경험이 있다면 나이와 관계없이 성병 검사의 대상이 됩니다.

Q. 동성 연애하면 다 에이즈에 걸리나요?

아닙니다. 하지만 현재 한국 HIV 감염은 90% 이상 남성 동성애를 통해 발생하는 것이 사실입니다. 질 점막보다 직장 점막이 훨씬 약하고 성관계 중 손상 가능성이 높아 바이러스가 침투하기가 쉽기 때문입니다. 남성 동성애자라면 꼭 콘돔을 사용하길 추천합니다.

미디어 시대의 성교육

김민영 성교육 전문가

넘쳐나는 미디어

'미디어'라는 말이 다소 낯설게 느껴지는 양육자들이 있나요? 일상에서는 주로 TV, 인터넷, 영화 같은 표현을 쓰기에 충분히 그럴 수 있어요. 그러다 보니 '미디어에 대한 교육'이라는 것도 낯설게 느껴질 수 있어요.

우리가 일상에서 너무나도 많이 접하는 TV, 인터넷, 영화, 뮤직비디오, 책, 그림, 메일 외에도 정말 많은 것들이 모두 미디어에 속합니다. 미디어는 '정보를 전달하는 매체'를 의미하거든요. 미디어는 방송미디어, 디지털미디어, 매스미디어, 멀티미디어, 소셜미디어가 있다고 해요. 어쩌면 우리가 일상에서 매일 셀 수도 없이 접하고 있는 대부분의 것들이 미디어라고 해도 과언이 아닌 듯합니다.

아이들이 사는 세상도 별반 다를 게 없습니다. 디지털 원주민인 우리 아이들은 엄마 배 속에 있을 때부터 스마트폰을 잡고 자랐다는 말이 있을 정도로 디지털 기기와 미디어가 넘쳐나는 세계에 익숙한 아이들입니다.

아이들을 키우는 건 양육자들이지만 한편으로는 미디어가 아이들한테 주는 영향이 더 큰 경우도 있는 것 같아요. 실제로 아이들 대부분이 성에 대해 궁금한 게 있으면 인터넷을 찾아보면 된다고 말하기도 합니다. 심지어 아이들은 미디어에 나오는 말, 행동, 춤, 노래, 옷, 헤어스타일까지도 따라 하고 싶어 하지요.

많은 전문가들은 TV나 스마트폰 같은 미디어 노출이 늦으면 늦을수록 좋다고 이야기할 정도로, 미디어 노출은 아이들에게 부정적인 영향을 많이 준다고도 볼 수 있습니다. 왜 그럴까요?

우리는 TV나 스마트폰, 컴퓨터 같은 매체들을 통해 정보를 일방적으로 받아들일 수밖에 없으며 이런 미디어들은 자극제의 성격을 훨씬 더 많이 띱니다. 이런 종류의 매체들을 많이 보면 볼수록 창의력과 상상력, 생각하는 힘을 잃게 되죠.

다른 분야에서도 마찬가지겠지만 성에 대해서도 생각하는 힘을 기르는 것이 굉장히 중요합니다. 상황, 가능성에 대해 여러 관점에서 생각해 볼 수 있어야 해요. 무엇보다 다른 사람의 입장에서 생각해 보고 공감할 수 있는 능력이 중요한데, TV나 스마트폰, 컴퓨터 같은 매체들은 그런 능력을 길러 주지 않고 오히려 저하시키는 악영향을 줍니다.

미디어에 많이 노출된 아이들은 미디어가 익숙하지만, 익숙한 것과 잘 사용하는 것은 다릅니다. 미디어를 많이 본다고 해서 분별력이 생기는 것은 아니거든요. 미디어가 넘쳐나는 세상에서 우리 아이를 건강하게 키우려면, 아이를 둘러싸고 있는 미디어가 어떤 것들이 있는지 파악하는 것부터 시작해야 합니다. 그리고 양육자의 평소 미디어 소비 습관도 함께 점검해야 해요.

아이와 야한 장면을
봤을 때 대처법

"아이와 TV를 보다가 야한 장면이 나왔을 때, 아이가 눈을 가리면서 부끄러워하는데 어떻게 말해 주면 좋을까요?"

"아이가 〈트랜스포머〉를 너무 보고 싶어 해서 같이 보는데, 외국 영화라 노출도 심하고 스킨십 장면도 많이 나오더라고요. 같이 보는데 예상치 못한 질문을 할까 봐 조마조마했어요."

"아이와 집에서 TV 채널을 돌리다가 성인 채널이 나와서 괜히 민망했어요. 이럴 때 아이가 질문하면 어떻게 이야기해야 하나요?"

제가 평소에 정말 자주 받는 질문입니다. 아이와 매체를 보다가 성적인 장면이 나올 때, 아이가 갑작스러운 질문을 하거나 눈을 가리면서 "으, 변태!"라고 소리를 지를 수도 있어요. 이럴 때 양육자들이 아무렇지 않게 넘어가기가 참 어렵지요.

아이들과 함께 매체를 보다가 성적인 장면이 나온다면 먼저 아이의 반응을 살펴야겠지요. 아이가 아무렇지 않게 넘어갈 수도 있고, 앞서 이야기했던 것처럼 눈을 가리거나 소리를 지를 수도 있어요. 아무렇지 않게 "왜 그래~ 사랑하는 사이라서 그런 거야" 하고 넘어가는 양육자도 있지만, 정말 아무 반응도 하지 않고 넘기는 양육자도 있을 거예요.

그런데 아이가 어떤 식으로든 반응을 보인 경우라면, 아이의 반응에 대구해 주는 게 좋습니다. 가정 성교육에서는 아이에 대한 관심이 중요하거든요. 아이가 어떤 생각을 하고 어떤 반응을 하는지, 아이가 뭘 궁금해하고 뭘 고민하고 있는지 관심을 가져야 해요. 그러니 아이가 어떤 반응을 했을 때 그 반응이 무슨 마음에서 왔는지 물어보는 게 아이에 대한 관심입니다.

한 장면을 보고 아이가 눈을 가렸다면, "눈을 왜 가렸어? 어떤 마음이 생겨서 눈을 가린 거야?"라고 물어보세요. 소리를 지른다면, "소리를 왜 질렀어? 어떤 마음 때문에 소리를 지른 거야?"라고 물어보면 됩니다. 아이가 "몰라~" 하고 짧게 대답할 수도 있어요. 그럼 "저 장면은 이상한 게 아니야. 사랑하는 사람들끼리 저렇게 할 수 있어. 사랑을 표현하는 방법이거든" 하고 넘어가면 돼요. 아이가 "부끄러워서"라거나 뭐 다른 대답을 할 수도 있어요. 그럼 그 감정에 공감해 주고, "왜 그런 마음이 들었을까?"라고 다시 질문하면서 계속 대화를 이어 나가면 됩니다.

이렇게 대화를 하다 보면 아이가 성에 대해서 부끄러운 마음을 가지고 있는지, 어떤 관점으로 생각하고 있는지 조금씩 파악할 수 있어요. 그러니 이미 노출된 상황이라면 너무 두려워하지 말고 정면 승부하면 됩니다. 위기를 기회로 만드는 겁니다. 그래도 다행인건 양육자와 함께 볼 때 노출되었다는 점이에요. 대화를 통해 아이에 대해서 알아 가되, 다음부터는 노출되는 상황을 최대한 피하는게 좋습니다.

혹시나 하는 노파심에 말씀드리는 건데요. 아이가 보게 된 야한 장면에서 폭력적인 또는 성차별적인 맥락이 나온다면 그 부분은 따로 꼭 짚어 줘야 합니다. 대수롭지 않게 "왜~ 사랑하는 사람끼리 표현하는 건데~" 식의 반응이 아니라 "저건 좀 폭력적인 거 같아. 어떻게 생각해?", "상대방이 원하지 않을 때 저런 식으로 스킨십하는건 성폭력이 될 수 있거든. 여기에서는 너무 아무렇지 않게 표현했네. 그치?"라는 식으로 그 점을 꼭 짚어 주세요.

결론적으로, 가장 좋은 방법은 이런 것들을 보지 않도록 환경을 조성하는 게 좋습니다. 어떤 양육자는 성교육 책은 너무 적나라해서 안 보여준다고 하면서 TV는 같이 보는 분들이 있는데요. 과연 어떤 게 더 아이에게 해로울지 생각해 보면, 무엇을 막고 무엇을 보여 줘야 하는지 판단할 수 있을 거예요. 책이든 TV든 적정 연령대가 안내되어 있으니 심의 기준을 참고하세요.

성 착취물

　　음란물에 대한 이야기도 참 많은 질문을 받고 있습니다. 음란물, 야동이라고 불리는 성 표현물들이 그렇죠. 현재는 이런 것들을 '성 착취물'이라고 부르고 있습니다. '야한 동영상(야동)'이라는 표현은 너무 가벼운 느낌이고, '음란물'이라는 표현은 콘텐츠에 나오는 모든 사람이 음란하다는 의미를 담고 있기 때문에 명백히 잘못된 표현이에요. 성 착취물에 나오는 사람들 중에는 피해자도 포함되어 있는데 모든 사람들을 음란하다고 표현하는 건 잘못된 거죠.

　　음란물 이야기가 나오면 많은 양육자들이 '애들은 보면 안 된다'

라고 하는데, 어른들도 성 착취물을 보는 것은 불법입니다. 우리나라에서는 단 한 번도 성 착취물이 합법이었던 적이 없어요. 우리나라에서 합법인 성 표현물은 성인영화 정도라고 생각하면 됩니다. 그런데도 많은 사람들이 흔히 말하는 '음란물 시청'이 불법이라는 사실을 잘 모르지요.

왜 이렇게 되었을까요? 인터넷의 발달로 전 세계 포르노를 다운받아 볼 수 있게 되면서 국내에서 포르노를 소비하는 양이 어마하게 많아졌습니다. 한국에서는 포르노 제작, 유통, 판매가 모두 불법이고 해외 포르노를 보는 것조차 명백한 불법임에도 불구하고 국가에서 제대로 단속하지 않았죠. 사람들도 그것에 대한 민감성을 가지지 못했고요. 그러다 보니 '크는 과정에서 한 번쯤은 음란물을 볼 수도 있다'라는 말이 나오는 지경까지 오게 된 거예요. 그 결과는 참담했습니다.

아이들도 어른들과 마찬가지로 성 착취물에 대한 감각이 없는 상황입니다. 그러니 우연히 본 콘텐츠가 불법이라는 인식보다 '뭐 이런 거 볼 수도 있는 거지'라는 인식이 더 강하게 자리 잡게 된 것이고요. 현재도 인터넷에 올라오는 성 착취물들에 대해 많은 사람들이 여전히 무감각한 상태입니다.

성 착취물의 위험성

그럼 최근 인터넷에 많이 올라오는 성 착취물은 왜 외국 포르노보다 더 심각한 문제로 취급될까요?

인터넷이 발달하지 않았을 때는 〈애마부인〉, 〈변강쇠〉 같은 성인 영화의 인기가 정말 많았습니다. 그런 영화들은 직접적인 성기 노출이 없고 성관계 장면을 묘사하는 정도예요. 그런 기준이 있기 때문에 한국에서 성인영화를 제작하고 유통, 판매하는 것이 합법일 수 있었겠지요. 그러다가 인터넷이 발달했고, 그때부터 외국에서 제작하는 수영복 사진, 나체 사진 등이 한국에 들어오기 시작했어요. 그러다 점점 영상까지 다운받을 수 있을 정도로 기술이 발전했죠. 하지만 이런 사진과 영상을 보는 것이 외국에서는 합법이었을지 몰라도 한국에서는 여전히 불법이 맞습니다.

결국 그런 영상들 중에는 외국에서 가짜로 제작한 포르노도 있지만 한국에서 만들어진 불법 촬영물도 있습니다. 물론 해외 불법 촬영물도 있고요. 즉, 범죄 피해물들이 외국 포르노와 함께 하나의 장르로 자리 잡고 있다는 뜻인데요. 마치 어떤 영화를 볼까 고민하듯 아이들이 어떤 성 착취물을 볼까 고민하고 선택할 정도가 된 겁니다. 마치 문화생활을 하는 것마냥 아이들이 선택해서 보는 성 착취물은, 실제 범죄를 저지르는 그 현장이 생생히 담겨 있는 영상인 경우가 많습니다. 그래서 앞서 이야기한 것처럼, 가해자와 피해자가 존재하는 영상을 야한 동영상이나 음란물로 가볍게 취급할 수 없는 것입니다.

아이들이 성적 쾌감을 얻기 위해, 호기심을 해소하기 위해 그런 영상을 본다면 건강하게 자랄 수 있을까요? 범죄 영상을 보며 성적 욕구를 해소한다면, 잘못된 성 인식을 갖게 되는 건 당연한 결과입니다.

성 착취물이 심각한 이유가 또 있습니다. 성 착취물은 말 그대로 '누군가의 성을 착취한다'라는 뜻을 담고 있어요. 성 착취물 속에서 누군가는 단순히 자신의 성적 욕구를 해소하는 입장이고, 또 다른 사람은 상대방의 욕구 해소를 위한 도구 역할을 하고 있습니다. 이런 영상이 사람들에게 건강하지 못한 성 인식을 심어 줄 가능성은 말하지 않아도 자명합니다.

간혹 서로 사랑해서 성관계를 하는 영상도 있겠지요. 그런 영상에서는 두 사람이 정말 사랑하는 눈빛으로 서로를 바라보며 만족스러운 성관계를 하는 장면이 나올 테고요. 그러나 그 영상을 보는 아이들은 영상이 어떻게 유포되었는지에 대한 전말은 모르겠죠. 비록 두 사람이 합의하에 찍은 영상이라고 해도, 그 영상이 전 세계 인터넷망을 떠돌아다니는 것까지 합의했을 리는 없습니다. 즉 그 영상에 나오는 사람들도 한때는 사랑하는 연인이었으나 결국 가해자와 피해자 관계가 되어 버린 것입니다.

마지막으로 성 착취물이 심각한 이유는 아동, 청소년 피해물들이 많다는 것입니다. 갈수록 디지털 성폭력 가해자와 피해자 연령이 낮아지는데, 특히 피해자 연령이 상상 이상으로 낮아지고 있습니다. 자신과 비슷한 또래일수록 아이들은 몰입을 더 잘하게 되고, 영상에 나오는 것처럼 실제로도 그런 상황이 가능할 것 같은 느낌을 받기도 합니다. 그럴수록 아이들에게 위험은 더 커지는 거지요.

성 착취물이 리얼할수록 범죄 피해물일 수 있다는 것을 더욱더 인지해야 합니다. 왜 성 착취물을 보면 안 되는지 아이들이 여러 갈래로 생각할 수 있도록 교육해야 합니다. 그러기 위해서는 성 착취물과 관련해 대화를 많이 하는 것이 좋아요. 아이들이 성 착취물을 접할 수 있는 시기는 평균적으로 초등학교 3학년~4학년 정도라고 하니, 이 시기에 성 착취물에 대해서 아이와 충분히 대화하고 아이의 생각이 잘못되었다면 바로잡는 과정이 반드시 필요합니다.

초등학교 3학년~4학년 때는 일부러 찾아보기보다는 게임이나 인터넷 사용을 하다가 우연히 접하게 되는 경우가 많아 더욱 충격적으로 받아들일 수 있어요. 그러니 그 전에 "혹시 인터넷이나 게임을 하다가 누가 성적인 이야기를 하거나 벗은 몸 사진, 영상을 보게 되면 꼭 이야기해 줘. 안 나오도록 체크하고 막아 줄게"라고 이야기해 주는 게 좋습니다.

아이가 5학년 정도 되었다면 똑같은 이야기를 해 주면서 혹시나 네가 호기심에 보게 되더라도 그런 영상을 보는 것 자체가 범죄라는 것을 단호하게 알려 줘야 해요. 영상을 보는 일이 경찰 수사 및 재판까지 받을 수 있는 명백한 범죄임을 양육자도 알아야 하고, 또 이것을 아이에게도 알려 줘야 합니다.

메타버스 시대의
도래

　　　　　　　　　　세계 10대 기업 중 8개 기업에서 2025년
까지 메타버스 시대를 만들겠다고 공식 발표를 했습니다. 주식,
NFT, 부동산까지도 메타버스의 영향을 받고 있고요.

　메타버스는 '가상, 초월'을 뜻하는 'Meta'와 '우주'를 뜻하는
'Universe'의 합성어입니다. 쉽게 말해 '현실 세계를 초월한 또 다른
세계'라고 생각해도 좋아요. 이렇게 이야기해도 딱히 와닿지 않는
세계이기도 합니다. 메타버스 시대가 왔다는데 도대체 뭐가 왔다는
건지 잘 모르겠다는 양육자들이 많아요. 그런데 현재 우리가 사용
하고 있는 메타버스를 하나씩 살펴보면 느낌이 딱 올 거예요.

메타버스는 증강현실, 라이프로깅Lifelogging, 거울세계, 가상세계, 이렇게 네 가지 유형으로 나뉘어요. 증강현실은 '포켓몬고' 같은 게임을 떠올리면 됩니다. 실제 눈에는 보이지 않지만 휴대폰처럼 호환할 수 있는 디지털 기기를 사용하면 입체로 뭔가를 볼 수 있는 거지요.

라이프로깅은 가장 많이 사용하는 메타버스일 텐데, 블로그나 SNS 같은 것들이 포함돼요.

거울세계는 코로나로 인해 갑자기 더 뜨게 된 유형인데, 배달의민족이나 ZOOM 같은 것들을 말해요. 실제 세계의 모습, 정보, 구조 등을 가져와 복사하듯이 만들어 낸 세계입니다. 가상으로 만든 게 아니라 실제 존재하는 것을 온라인상에 넣은 것이라고 생각하면 돼요.

가상세계는 요즘 아이들이 많이 하는 제페토, 로블록스 같은 것을 말해요. 가상 세계에 가상의 내가 있는 거지요. 즉, 나의 아바타가 나 대신 그 세계에서 활동하면서 게임을 하거나 대화를 하거나 쇼핑을 하는 거예요. 어른들은 잘 몰라도 초등학생 아이들은 엄청 많이 하고 있는 메타버스 플랫폼이랍니다.

어떤가요? 하나하나 살펴보니 이미 우리 일상에서 많은 부분을 차지하고 있다는 생각이 들지 않나요? 코로나로 인해 메타버스 기술이 10년이 앞당겨졌다고 해요. 지금 우리는 다가올 메타버스 시

대를 준비해야 하는 게 아니라, 이미 온 메타버스 시대에 적응해야
하는 게 더 정확한 상황일 겁니다.

메타버스와 성 문화

메타버스가 아이들의 성 문화에 어떤 영향을 주게 될까
요? 완전한 메타버스 시대가 오고 모든 메타버스 기술이 상용화된
다면, 아이들은 성 착취물을 더 리얼하게 볼 거예요. 그리고 아이들
이 그런 걸 보는지 양육자는 알 길이 없어요. 안경 하나만 착용하면
모니터나 스마트폰 없이도 화면이 펼쳐지니까요. 양육자가 옆에 있
어도 볼 수가 없거든요.

나중에는 감각까지도 모두 느낄 수 있는 기계를 통해 실제 함께
있는 공간이 아니여도 가상 세계에서 서로 만지고 느낄 수 있게 될
겁니다. 아무런 노력 없이 관계를 쉽게 형성할 수 있지요. 실제인
듯 실제가 아닌 공간에서 안 봐도 그만일 수도 있는 사람들과 그 무
슨 행위도 어렵지 않을 거예요. 쉽게 성적 쾌감을 느낄 수도 있을
거고요.

실제로 얼마 전에 출시된 기계가 있습니다. 성인용품인데, 성기에
장착하는 기구와 VR 고글을 끼면 눈앞에 여자가 있고 그 여자와 함

께 성관계를 하게 됩니다. 물론 VR 고글을 빼면 그 사람은 없는 사람이고요. 이런 기술은 이미 완성되어 있으니 아이들에게 노출되는 것은 시간문제라고 봅니다.

심지어 메타버스 관련법이 아직 만들어지지 않은 상황이다 보니 문제가 생겨도 대응하기가 어려운데요. 얼마 전 아바타 간 성추행 사건을 뉴스에서 본 사람도 있을 거예요.

메타버스 안에서 친구인 어떤 아바타가 다가와 뒤돌아서 보라고 합니다. 뒤돌아섰더니 내 아바타 바로 뒤에서 엉덩이를 앞뒤로 흔들고 마치 성행위 같은 모습을 연출합니다. 그 아바타는 이 모습을 영상으로 찍은 후에, "다른 사람들한테 네가 먼저 이렇게 해 달라고 해서 한 거라고 말할 거야. 그렇게 소문낼까, 아님 내가 원하는 거 해 줄래?" 이런 식으로 협박을 시작합니다.

말도 안 되는 상황이라고 생각할 수 있어요. 그런데 아이들이 놀라고 두려워하기에는 충분한 일이고, 그 협박에 의해 상대방이 원하는 방식으로 그루밍을 당할 가능성이 있어요. 메타버스는 우리에게 편리함과 다양한 경험을 선사하지만 성 문화에서만큼은 제대로 준비하지 않으면 부정적인 부분이 더 많이 생길 수 있습니다. 스마트폰이 우리 생활에 편리함을 줬지만 제대로 대비하지 않아 성범죄의 온상이 된 것처럼요.

메타버스 시대의 성 문화가 건강하고 안전할 수 있도록, 지금부터 범죄 가능성을 생각하고 대비해야 합니다. 사실 지금도 매일 메타버스 성범죄는 일어나고 있거든요.

메타버스와 가정 성교육

메타버스 속 세상이 진짜인지 가짜인지, 나에게 득이 될지 실이 될지 분별력 있게 판단할 수 있는 아이로 키우는 것은 매우 중요합니다. 메타버스뿐만 아니라 일상의 모든 부분에서 이런 주체적인 태도를 갖는 것은 굉장히 중요해요.

주체성은 스스로 분별력 있게 판단하고 행동하며 책임감 있는 태도를 가지는 것을 의미합니다. 언제까지 양육자가 아이를 따라다니면서 모든 것에 개입할 수는 없어요. 학교에 같이 가서 대신 공부해줄 수 없는 것처럼 스마트폰을 사용하는 것, 게임을 적당히 하는 것, 성 착취물을 보지 않는 것 모두 아이 스스로 할 수 있어야 합니다.

주체적이고 분별력 있는 아이로 키우기 위해서는 '생각하는 힘'을 길러 주는 교육이 가장 중요합니다. 그러기 위해서는 결국 대화가 해답입니다. 아이와의 성적 대화는 앞에서도 이야기했지만 가정 성교육의 핵심이거든요. 일상대화부터 시작해야 성과 관련된 대화도 가능하다는 것을 꼭 인지하세요. 대화를 통해 아이의 생각을 엿

보고 잘못된 부분이 있으면 토론하고 논쟁하면서 서로 배워 나가야 해요.

대화는 '생각하는 힘'을 키워 줍니다. 스스로 생각할 줄 알아야 양육자가 감시하지 않아도 스스로 잘할 수 있는 아이로 자랄 거예요. 특히 성과 관련된 부분은 아주 사적인 부분이기 때문에 분별력과 주체성은 아이에게 더더욱 필수적인 능력이라고 할 수 있습니다.

메타버스 시대에 아이가 스스로 무엇을 해야 하는지 혹은 하지 않아야 할지 알 수 있어야, 다른 사람에게 피해를 주지 않는 아이가 될 수 있습니다. 또한 피해를 당했을 때 잘못된 것을 바로 인지하고 도움을 요청할 수 있는 아이가 될 수 있는 거예요.

'메타버스'라는 기술은 지금 사용하는 스마트폰이나 인터넷과는 차원이 다르게 몰입도가 높습니다. 진짜 '리얼'이라는 말이 적절한 기술이지요. 그렇기 때문에 아이들이 잘 모르는 상태에서 메타버스 안의 성을 접하게 되면 실제와 가상을 구분하지 못할 정도로 혼란에 빠질 수 있습니다. 이게 바로 사전 교육이 중요한 이유입니다.

메타버스든 뭐든 세상이 바뀌어도 가정에서 하는 성교육의 핵심은 변함없이 대화입니다. 대화를 통해 아이 스스로 생각할 수 있도록 하는 것, 그런 대화를 바탕으로 서로 간의 신뢰를 쌓아야 아이가 도움이 필요할 때 망설임 없이 도움을 요청할 수 있습니다. 그것이 가정 성교육의 목표이고요.

미디어 리터러시
(미디어 감수성)

아래 질문에 대해 '예' 또는 '아니오'로 답해 보세요.

질문	예	아니오
1. 나는 미디어 리터러시가 무엇인지 안다.		
2. 나는 미디어 심의 기준을 살펴본 후, 아이에게 보여 주는 편이다.		
3. 나는 미디어를 보면서 인권, 평등, 성별에 대해 생각한다.		

4. 미디어를 보면서 구체적으로 어떤 점이 불편한지 말로 표현할 수 있다.		
5. 미디어에서 잘못된 부분을 분석하고 비판할 수 있으며, 그걸 아이에게 설명할 수 있다.		

답해 보셨나요? 만약 위 질문에 모두 명확하게 '예'라고 대답했다면 미디어 리터러시 능력이 꽤 높은 편입니다.

미디어 리터러시의 중요성

미디어 리터러시는 미디어를 사용하는 것뿐만 아니라 사용하는 미디어를 분석, 평가, 비판할 수 있는 능력을 의미합니다. 즉, 미디어가 담고 있는 것들이 무엇인지 살펴보고 나한테 적합한 미디어인지 판단하고, 또 잘못된 부분을 찾고 거르는 능력을 말하는 거지요.

미디어 리터러시 능력이 중요한 이유는 일방적인 노출을 수동적으로가 아닌, 능동적으로 받아들일 수 있기 때문이에요. 그 자극이 나에게 해가 될지 빨리 알아차려서 대응할 수 있도록 하는 방어체계로 작용합니다. 특히 지금처럼 미디어가 넘쳐 나는 사회에서 이

능력은 어릴 때부터 꼭 훈련해야 하는 부분입니다.

우리가 버섯을 먹을 때 그 버섯이 먹어도 되는 버섯인지 독버섯인지 모르고 그냥 막 먹는다고 생각해 보세요. 배탈이 나거나 죽을 수도 있습니다. 미디어를 무분별하게 보는 것도 아무 버섯이나 먹는 것과 다를 바가 없습니다.

내 인지와 감정에 영향을 주는 미디어를 아주 어릴 때부터 아무 생각 없이 보게 되면 무슨 일이 벌어질까요? 그 안에 있는 폭력이나 성차별, 인권침해 같은 것들에 대해 인지하지 못한 채 아무 생각 없이 받아들이게 됩니다. 그게 몇 년간 반복되다 보면, 실제 생활에서 일어나는 폭력, 성차별, 인권침해에 대해서도 아무 생각 없는 채로 살아가게 되는 것이지요.

이것이 얼마나 무서운지 다시 한번 이야기해 볼게요. 폭력, 성차별, 인권침해에 대해 민감성이 없는 아이는 본인이 어떤 폭력이나 혐오 발언을 하는지 인지하지 못합니다. 물론 다른 사람이 본인한테 하는 언행도 불편하거나 불쾌하게 받아들이지 못하지요. 이런 아이들에게 폭력, 성차별, 인권침해는 그저 가벼운 농담이나 장난에 불과합니다.

이런 아이들이 성인이 되어 사회에 나가면 어떻게 될까요? 본인의 언행에 책임져야 하는 나이가 되면 농담으로 했던 말 한마디 한마디가 인권침해를 일삼게 될 테고, 그로 인해 법적 처벌까지 받을 수 있습니다. 운이 좋아 법적 처벌은 피한다고 해도, 누가 이런 사람과 관계를 형성하고 유지하고 싶어 할까요?

혹은 그 반대가 될 수도 있습니다. 어릴 때부터 무분별하게 미디어에 접하게 된 아이는 세상에 대한 불신으로 가득 찬 삶을 살게 될 수도 있습니다. 누군가를 혐오하고 폭력, 성차별, 인권침해가 만연한 세상에서 아이는 어떻게 누구를 믿고 긍정적인 마음으로 세상을 살 수 있을까요?

무분별한 미디어 노출은 '세상은 더러운 곳이야', '세상은 원래 희망이 없는 곳이야', '아마 내가 위험해져도 나를 도와줄 사람은 없을 거야'라고 생각하면서 삶을 살아갈 수 있습니다.

미디어 리터러시 교육

아이의 미디어 리터러시 능력을 키우기 위해서는 양육자의 미디어 리터러시 능력이 중요합니다. 아이와 책을 읽을 때도, 아이가 보는 만화를 함께 볼 때도, TV 프로그램이나 뮤직비디오를 볼 때도 그 미디어가 무엇을 보여 주는지, 정보를 전달하는 방식이나 표현이 적절한지에 대해 고민하면서 보세요. 그리고 아이가 초등학생 이상이라면 아이와 대화를 나눠 보세요.

"저 드라마에서 지금 저렇게 손을 억지로 잡아당겼는데, 우리 ○○는 어떻게 생각해?"

"저기 억지로 손을 잡아당기는 모습이 꼭 폭력 같기도 한데, 이거에 대해 어떻게 생각해?"

이런 질문을 아이에게 하면 아이도 함께 생각하며 토론할 수 있어요. 이것보다 더 좋은 성교육은 없습니다. 미디어에서 만들고 조작한 관점과 잘못된 정보를 수동적으로 받아들이지 않고 어떤 것은 받아들이고 어떤 것은 거부할지 스스로 선택할 수 있게 되니까요. 그리고 아이는 미디어의 잘못된 점을 찾고 생각해 볼 기회를 갖게 됩니다.

미디어 리터러시 교육이 잘된다면, 지금보다 미디어 노출이 더 많아진다고 해도 걱정할 필요가 없습니다. 왜냐하면 아이에게는 스스로 해가 되는 것을 구분하고 차단할 수 있는 힘이 있으니까요. 이런 아이로 키우고 싶다면 미디어 리터러시 교육을 지금부터 시작해 보길 바랍니다.

미디어 중재력

아래 질문에 대해 '예' 또는 '아니오'로 답해 보세요.

질문	예	아니오
1. 나는 스스로 미디어 사용량을 조절할 수 있다.		
2. 나는 우리 아이의 미디어 사용량을 조절시킬 수 있다.		
3. 아이가 디지털 기기를 사용할 때 내가 중지시켜도 아이가 화내거나 짜증 내지 않는다.		
4. 나는 아이와 미디어 사용량에 대해 자주 대화한다.		
5. 아이에게 건강한 미디어 사용에 대해 알려 주고 함께 실천한다.		

6. 아이가 사용하는 미디어에 관심을 가지고 분석해 본다.		
7. 우리 아이는 미디어 사용을 스스로 통제할 수 있다.		

답해 보았나요? 만약 위 질문에 모두 명확하게 '예'라고 대답했다면 미디어 중재력이 꽤 높은 편입니다.

미디어 중재력 높이는 방법

미디어 중재력은 아이와 함께 미디어를 사용하고 대화하고 분석하는 것, 그리고 적절하고 안전한 사용을 위해 관리, 감독하는 것을 의미합니다. 중재력이라고 하면 단순히 감시하고 못 하게 하는 물리적 억압을 생각하는 경우가 많지만, 무조건 억압하고 막는 것은 미디어 중재력이 높다고 할 수 없습니다. 오히려 위험한 방법이라고 할 수 있지요.

이렇게 설명하면 어떤 양육자는 "그럼 어릴 때부터 그냥 보여 주라는 건가요?"라고 질문하기도 합니다. 물론 어느 정도의 통제는 필요해요. 그런데 이 질문의 맹점은 통제하느냐 마느냐가 아니라 '그냥'이라는 부분입니다. 앞서 계속해서 주장했던 부분이 아이가 스스로 생각하는 힘을 기르도록 훈련시켜야 한다는 거예요. 적어도 아이가 미디어를 '그냥' 보는 게 아니라 생가하면서 볼 수 있도록 하는 게 더 중요하다는 뜻입니다.

그러려면 양육자로서 어떻게 해야 할까요? 아이에게 생각하는 힘을 길러 주고 싶다면 질문을 많이 해야 합니다. 사람은 질문을 받으면 생각을 하게 되거든요. 예를 들어, 초등학교 저학년 아이가 만화를 보았다면, 그 장면을 떠올리면서 생각할 수 있도록 하면 좋습니다. "무슨 내용의 만화야?", "근데 주인공은 왜 화가 났어?", "주인공 친구가 주인공한테 그렇게 한 건 잘한 행동일까?", "이 만화는 ○○이에게 좋은 내용의 만화일까?"

이런 질문들을 하면서 아이가 미디어에 대해 객관적으로 생각할 수 있도록 연습을 시키는 거예요. 그리고 아이가 충분히 생각한 다음 대답을 하면, 칭찬과 공감을 아낌없이 해 주세요. 혹시 아이의 의견과 내 의견이 다르다고 해도 무조건 동의할 필요는 없습니다. 칭찬과 공감을 먼저 해 주고, 그에 관해 편하게 이야기를 나누면 됩니다.

아이의 미디어 사용 방식이나 시기, 양에 대한 개입도 중요해요. 미디어 사용에 관해서는 아이가 스스로 계획을 세울 수 있도록 해 주세요. 유아기부터 할 수 있어요. 하루에 언제, 어떤 미디어를, 얼마나 볼 것인지 계획을 세우고 그 계획대로 실행하면 칭찬을 많이

해 주세요.

혹여 아이가 실패했다고 해도 혼내거나 비난하지 마세요. 이렇게 계획을 세우고 실행하는 것은 아이가 실패했을 때 비난하기 위한 수단이 아닙니다. 이것의 목적은 아이가 스스로 통제할 수 있는 연습을 하는 거예요. 실패했다고 비난할 경우 아이는 스스로 할 수 없다고 생각하고 포기하기가 쉽습니다. 그러니 비난하거나 지적하지 말고 아이가 실패했으면 계획을 조정해서 다시 시도할 수 있도록 도와주세요. 아주 작은 것이라도 성공 경험이 있어야 아이가 스스로 할 수 있다는 믿음이 생깁니다.

그 어떤 방법보다도, 아이의 미디어 사용을 줄이기 위한 가장 쉬운 방법은 양육자가 먼저 미디어 사용을 줄이는 것입니다. 양육자는 하루 종일 핸드폰만 보면서 아이에게 하지 말라고 하거나 아이의 휴대폰을 뺏는다면 그건 정말 어불성설이겠죠? 아이가 어릴 때는 어찌어찌 따르겠지만, 아이가 초등학교 고학년이 되고 청소년이 되면 분노만 생길 뿐입니다. 그러니 양육자부터 솔선수범하고, 온 가족이 미디어에 빠져 있는 시간보다 대화하는 시간을 더 늘려 보세요. 미디어 중재도 어렵지 않을 거예요.

성교육은 문화를 만드는 일입니다. 건강하게 미디어를 사용하는 문화, 스스로 통제할 수 있는 문화를 가정에서부터 만들어 보세요. 미디어에 대해 분별력이 있는 아이로 충분히 키울 수 있습니다.

Q. 언제 아이에게 처음으로 유튜브나 TV를 보여 줘도 되는지 시작
나이가 궁금해요. 몇 살 때부터 보여 주는 게 적절할까요?

전문가들은 최대한 늦게 보여 주는 게 좋다고 이야기합니다. 가
능하다면, 미디어 노출을 최대한 미뤄 주세요. 아이가 어느 정도 분
별력이 있는 나이라면 가정에서 대화를 통해 미디어 사용에 대한
통제 훈련을 할 수 있어요.

Q. 아이가 종종 성 착취물을 보는 걸 알고 있어요. 갑자기 제지하면
오히려 반발심이 들까 봐 아무 말도 못 하고 있는데, 어떻게 물꼬를
터야 할까요?

요즘 아이들이 보는 성 착취물은 가짜로 만든 영상보다는 실제
디지털 성범죄의 피해 영상물들이 대부분입니다.

그리고 디지털 성폭력 관련법이 강화되었기 때문에 호기심으로
한 번 보는 것만으로도 법적 처벌받을 수 있어요. 그러니 절대 보
면 안 된다고 단호하게 이야기해 주세요. 겁주는 것에서 끝내지 마
시고 왜 자꾸 보게 되는 건지에 대해 대화해 보는 것도 도움이 됩
니다.

Q. 제가 미디어를 너무 좋아해요. 넷플릭스나 유튜브 등 저조차 미디어 소비 습관이 좋지 않은데, 양육자 또한 무조건적으로 줄이는 게 맞을까요?

양육자는 아이들의 거울입니다. 양육자 본인이 미디어를 많이 소비하면서 아이에게 하지 말라고 말할 수는 없어요.

적어도 아이들과 함께 있는 시간만큼은 미디어 소비를 줄이는 게 좋습니다. 무엇보다 미디어 소비에 대해 어떻게 생각하고 있는지 가족 모두가 대화하는 문화를 만들어 보세요. 자연스럽게 줄이게 될 거예요.

Q. 요즘 아이가 제페토 등 메타버스 플랫폼에 푹 빠져 있어요. 이런 가상 공간의 교제를 너무 심각하게 받아들일 필요는 없을까요?

가상 공간에서 친구를 사귀는 문화는 아이들에게 일상이에요. 무조건 막는 건 답이 될 수 없어요. 아이의 사용량이 너무 많다면 물리적인 억압보다는 스스로 통제할 수 있도록 제안해 보세요.

그리고 아이가 가상 공간에서 어떤 이미지로 무엇을 하는지, 어떤 친구들과 주로 무엇을 하며 노는지 관심을 가지며 대화를 많이 해 주세요.

PART 8

미성년 성범죄

✳

김민영 성교육 전문가

성범죄의
종류 및 개념

성교육에는 많은 주제들이 있습니다. 신체 이해, 위생 관리, 사춘기, 2차 성징 같은 신체 교육을 시작으로 성폭력 예방, 디지털 성폭력 예방교육, 연애, 경계존중과 같은 관계 교육, 성평등, 인권 같은 인간의 기본 권리까지 포함하고 있어요. 그 중에서도 아이들 성교육에서 가장 많이 다루고 있는 것은 성폭력·디지털 성폭력 예방교육입니다.

성폭력·디지털 성폭력 예방교육은 1년에 1시간 의무적으로 진행하라는 지침이 있기도 해요. 특히 'N번방 텔레그램 성착취 사건'이 발생하고 나서는 디지털 성범죄에 대한 심각성이 드러나면서

1년에 1시간은 무조건 받아야 하는 교육이 되었습니다. 그러다 보니 성교육 강사들이 가장 많이 다루는 주제 중 하나인데요. 사실 강사 입장에서 아이들에게 전달해야 하는 내용 중에 가장 미안하고 속상한 주제이기도 합니다.

먼저 성범죄라고 하는 것들에는 어떤 것들이 있는지 알아볼게요. 성범죄는 크게 성희롱, 성추행, 성폭행, 디지털 성폭력으로 구분할 수 있어요.

첫 번째, 성희롱은 '성적인 언행으로 타인에게 성적 불쾌감이나 고용상으로 불이익을 주는 것'을 의미해요. 일반적으로는 직장 내에서 일어나는 사건에 대한 법적 처벌 근거가 대부분이지만, 아동과 청소년을 대상으로 한 성희롱도 당연히 법적 처벌이 가능합니다.

두 번째, 성추행은 강제추행이라고도 합니다. 타인의 동의 없이 강제적으로 신체 접촉을 한 경우 성추행이라고 하는데요. 성추행은 어떤 관계에서든 성립될 수 있으며 특히 아동, 청소년에게 피해를 입힌 경우 더 강하게 처벌하고 있습니다.

세 번째, 성폭행입니다. 성폭행은 강간을 뜻합니다. 상대방의 동의 없이 성교를 하는 것인데, 직접적인 성기 결합이 있을 때 성폭행이라고 합니다.

마지막 네 번째, 요즘 가장 폭발적으로 증가하고 점점 심각해지는 디지털 성폭력이 있습니다. 디지털 기기를 이용해 타인의 동의 없이 타인의 모습을 촬영, 유포, 합성, 저장하거나 디지털 공간에서 타인을 성적으로 괴롭히는 것을 말합니다. 특히 아동, 청소년 가해 및 피해가 늘고 있으며 연령도 점점 낮아지고 있어서 사회적으로 큰 문제가 되고 있어요.

아이들 성범죄

앞서 살펴본 성범죄에는 공통점이 있는데요. 바로 '상대방의 동의 없이'라는 점과 '성적 불쾌감을 주는' 행위라는 점이 모든 성범죄에서 언급되고 있는 내용입니다. 즉, 성폭력과 관련해 '동의'가 굉장히 중요한 개념이라고 이야기할 수 있어요. 그럼 아이들에게는 이 내용을 어떻게 설명할 수 있을까요?

아이들 사이에서 성범죄 사건이 일어났을 때 아이들이 제일 많이 하는 이야기가 "장난이었어요" 또는 "그냥 궁금해서 그랬어요"라는 말이에요. 그래서 아이들에게 폭력을 설명하는 것은 꼭 필요한 일입니다.

"모든 사람들은 때가 되면 성을 궁금해해. 그런데 네가 성에 대해 궁금하거나 성적인 행동을 해 보고 싶다고 해서 다른 사람에게 피해를 주거나 다른 사람을 이용한다면 그건 성범죄가 되는 거야. 상대의 동의 없이 성적인 이야기를 하거나, 사진을 보여 주거나, 만지는 모든 행동은 성범죄가 될 수 있어. 그러니까 성에 대해 궁금한 점이 생기면 집에 와서 물어보면 돼. 뭐든지 대답해 줄게. 그리고 함께 책도 찾아보자."

이렇게 얘기할 수도 있어요.

"너는 장난이라고 생각하지만 다른 사람에게는 기분 나쁜 일이 될 수도 있어. 아무리 친한 사이라고 해도 장난치면 안 되는 행동이 있거든. 장난이 폭력으로 변하는 건 아주 쉬운 일이야. 장난은 치는 사람과 받아들이는 사람, 그 옆에 있었던 사람들까지도 다 같이 장난이라고 생각할 수 있어야 해. 그중 누구라도 기분이 나빠지거나 장난을 이해하지 못하면 그건 장난이 아니라 폭력이 될 수 있는 거란다."

설명이 다 끝나면 "이런 설명을 들으니 어떤 생각이 들어?", "폭력에 대해 어떻게 생각해?"처럼 아이의 생각을 묻고 듣는 시간도 꼭 필요합니다. 아이들이 폭력을 이해하기 위해서는 다양한 상황, 다양한 관계에 대해 많이 생각해 봐야 합니다.

늘 함께 장난치던 친구에게 똑같은 장난을 치더라도, 그 친구 기분이 안 좋은 상태라서 싸움이 날 수도 있잖아요. 그러니 행동, 상황, 관계에 따라서도 물론 다르겠지만 상대방의 감정 상태에 따라서도 내 행동이 다르게 받아들여질 수 있음을 알아야 해요. 그러니 최대한 많이 생각해 보고 다른 사람의 마음에 공감할 수 있는 아이가 되도록 가르쳐야 합니다.

디지털 성범죄

　　　　　　　　　디지털 기기 사용량이 늘고 코로나로 인해 온라인 교육으로 전환되면서 양육자들이 걱정하는 게 하나 늘었죠. 바로 폭증하는 디지털 성범죄입니다.

　디지털 성범죄는 누군가의 동의 없이 사진이나 영상을 촬영하는 '불법 촬영', 본인이나 타인이 불법 촬영한 것을 동의 없이 '유포'하는 것, 불법 촬영물을 '소비'하는 것이 모두 포함됩니다. 아이들에게 성에 대한 관심이 생길 때쯤 성 착취물을 보는 것, 장난으로 친구의 몸 사진을 찍는 것, 성적 콘텐츠가 있는 사이트 링크를 장난으로 친구에게 보내는 것 모두 법적 처벌을 받을 수 있다는 것을 꼭 알려

쥐야 합니다.

'디지털 속에서 일어나는 성범죄'라는 의미 자체는 단순해 보이지만 실제 아이들이 겪고 있는 디지털 성범죄는 그리 단순하지만은 않습니다. 왜냐하면 아동, 청소년 디지털 성범죄는 온라인 그루밍이나 가스라이팅이 함께 일어나기 때문에 아이들이 피해 사실을 인지하기가 매우 어렵거든요. 친해서 그런 건지 폭력인지 구분하기 어려울 정도로 아주 교묘하게 아이들을 조종하는 것이 아동, 청소년 디지털 성범죄의 특징입니다.

그리고 또 다른 특징은 지속적이고 반복적이라는 거예요. 가해자들은 아이들의 마음을 얻고 난 후에 가해를 하기 때문에 꽤 오랜 시간에 걸쳐 관계를 형성하고 유지하는 식으로 공을 들입니다. 그러다 보니 지속적이고 반복적으로 아이들이 피해에 노출됩니다.

<u>가해자들의 접근 방식</u>

아이들이 디지털 성범죄 피해자가 되는 경로는 친구를 사귀는 애플리케이션, SNS, 게임 등이 있습니다. 아이들은 이런 경로를 통해 모르는 사람과 대화를 할 수 있어요. 이때, 가해자들이 다른 목적을 품고 접근하는 경우가 비일비재합니다.

가해자들은 아이들의 호기심을 이용해 성적 대화를 나누면서 아이와 연결고리를 만들기도 해요. 게임 아이템이나 쿠폰을 주겠다며 접근하기도 하고, 아이들이 궁금해하는 정보를 제공하면서 친밀감을 형성하기도 하지요.

여기서 질문 하나 해 볼까요? 30분의 시간이 있다면 양육자님들은 어떤 일들을 할 수 있나요? 영국의 어느 수사 팀에서 조사한 결과에 따르면 아동, 청소년 디지털 성범죄 가해자는 아이와 직접 만날 약속을 정하기까지 30분이면 가능하다고 해요. 어떤 경우는 18분만에도 가능했다고 해요. 또, 8분 만에 아이들과 유대관계를 형성하는 게 가능했고, 3분 만에 성적 대화를 나눌 수 있었다고 합니다.

어떤가요? 너무 충격적이지 않나요? 우리는 어떻게 해야 아이들과 성 관련 대화를 잘할 수 있을까 매일 고민하면서 이런 책을 읽고 강의를 듣는데, 저 사람들은 무슨 특별한 능력으로 아이들과 3분 만에 성적인 대화가 가능한지 말입니다. 이런 조사 결과를 들을 때마다 정말 답답한 마음이 듭니다.

그런데 아동, 청소년 디지털 성범죄 가해자들이 사용한 방법은 특별하지 않았습니다. 공감대 형성과 경청이었어요. 아이들의 말에 귀 기울여 주고 비슷한 관심사에 대해 이야기하는 것, 그것만으로도 아이들은 너무 쉽게 마음의 문을 연 것입니다. 아이들이 미성숙해서 그런 거라고 생각하지는 마세요. 그건 아이들에게 책임을 돌리는 말입니다. 아이들이 쉽게 마음의 문을 연 이유는, 현실 세계에서 공감과 경청이 그만큼 간절했기 때문이에요.

디지털 성범죄는 단순 범죄 중 하나가 아닙니다. 인권을 짓밟는 행위이고 다른 사람의 인생에 평생토록 영향을 끼치는 아주 잔인한 범죄예요. 그렇기 때문에 디지털 성범죄 예방 교육은 아이들이 살아갈 건강하고 안전한 사회를 만들기 위한 어른들의 책임감과도 같습니다.

가정에서 하는 디지털 성범죄 예방교육

심각해지는 디지털 성범죄를 예방하기 위해 가정에서는 어떤 노력을 해야 할까요? 사실 학교에서 1년에 1시간~2시간 정도 하는 예방교육은 턱없이 부족합니다. 그러니 가정에서도 많은 부분을 아이에게 전달해 주면 좋겠지요.

이 책을 처음부터 쭉 읽으면서 눈치챘겠지만 이번 예방책도 역시 '대화'입니다. 아이가 디지털 성폭력에 대해 어떻게 생각하는지 평소에도 많이 물어보는 게 좋아요. 대화 속에서 아이가 스스로 노력할 부분과 가족이 도와줘야 할 부분이 명확해지거든요.

"친구들 중에 SNS 하는 친구가 있어?", "요즘 디지털 성폭력이 심하다던데 학교에서 배운 적 있어?", "만약에 게임하다가 누가 채팅 창에다가 성적인 말을 하면 어떨 거 같아?" 등의 질문들로 대화를 시작해 보세요.

그리고 아이의 대답을 들어 보세요. 대화를 하다 보면 아이의 생각을 알 수 있고, 그러면 아이가 위험에 빠지더라도 초반에 빨리 알아차리고 개입할 수 있습니다.

디지털 성범죄 예방에서 중요한 부분은 '개인정보 유출'입니다. 아이들이 종종 아무 생각 없이 개인정보를 누군가에게 보내거나 다른 사람이 보낸 링크나 파일을 누르는데요. 이럴 때 개인정보가 유출되어 그걸로 협박을 당하거나 가족들의 개인정보까지 다 빠져나가는 경우가 있습니다.

그렇기 때문에 아이들에게 어떤 일이 있어도, 누가 부탁해도, 뭘 선물로 준다고 해도 다른 사람에게 함부로 개인정보를 줘서는 안 된다고 알려 주세요. 본인 또한 온라인상에서 다른 사람의 개인정보를 요구하거나 성적인 발언을 하는 것도 위험한 일임을 알려 주세요. 처벌받을 수 있다는 것도요.

지금까지 디지털 성폭력 예방교육은 피해자가 되지 않도록 교육시키는 내용이 더 많았습니다. 그러나 가해자 예방교육이 더 필요합니다. 그러니 아이들에게 조심하라는 말보다는, 장난으로라도 하지 말아야 하는 것들을 알려 주세요. 그리고 혹시 무슨 일이 일어났을 때 양육자에게 도움을 요청할 수 있도록 아이와 양육자 간의 신뢰를 쌓는 것이 중요합니다. 간혹 디지털 성범죄의 심각성을 아이에게 알려 주기 위해서 같이 뉴스를 본다거나, 성인 피해자가 당한 사건을 여과 없이 아이에게 전달하는 양육자가 있는데요. 이런 방법은 적절하지 않고 오히려 위험할 수 있습니다. 아이가 충격을 받을 수 있거든요.

사례를 통해 대화를 하고 싶다면 아이 또래가 겪은 일들을 위주로 이야기하는 것이 좋습니다. 사례를 이야기해 주고 "무섭지? 그러니까 하면 안 돼"라거나, "겁도 없이 인터넷 하면서 개인정보를 다른 사람한테 보내면 이런 일을 당할 수 있는 거야"라는 식의 메시지는 피하세요. 사례를 이야기한 후에 "실제 일어났던 일인데 너라면 어떻게 할 거 같아?", "여기에서 가해자는 뭘 잘못한 걸까?", "이런 상황이 생기면 어떻게 대처할 수 있을까?" 같은 질문을 하면서 아이와 이야기 나눠야 해요.

대화는 아이가 생각해 볼 수 있도록 기회를 마련하는 것이지 겁주기 위함이 아닙니다. 무서운 대화 주제일 수 있으나, 대화하는 분위기만큼은 어떤 생각도 말할 수 있는 편안한 분위기가 되어야 해요.

우리 아이가
가해자나 피해자가
되었을 때

　　우리 아이는 아프지도 힘들지도 말고, 늘 건강하고 행복하게 하루하루를 보냈으면 좋겠다는 마음으로 양육을 하고 있을 거예요. 하지만 아이를 키우다 보면 좋은 날도 많지만 놀라고 속상한 일도 생기기 마련입니다. 최선을 다해 돌보지만 눈 깜짝하는 사이에 다치기도 하고, 멀쩡하게 길을 가다가 다른 사람 잘못으로 우리 아이가 다치기도 하고, 잘 챙겨 먹인 것 같은데 밤새 열이 나서 응급실에 가기도 하고요. 아이들을 키울 때 의외의 사건들이 굉장히 많지요.

　이처럼 우리 아이가 디지털 성폭력에 연류된다는 것 또한 생각지도 못한 사건 중 하나가 아닐까 싶습니다. 가해자이거나 피해자 어느 쪽이 되었든 우리 아이와 연관이 있다는 사실을 알게 되면 가슴이 철렁하고 하늘이 무너지는 것 같은 마음이 드는 게 당연할 거예요.

그럼에도 불구하고 아이가 겪고 있는 일을 바로잡고 아이 옆에 있어야 하는 사람은 양육자입니다. 이때 아이가 피해자냐, 가해자냐 에 따라 양육자의 개입 방향도 달라져야 합니다.

피해자인 경우

우선 우리 아이가 피해자가 된 경우입니다. 아이가 피해 를 당했다는 사실을 알게 되면 많이 놀라고 두려울 거예요. 속상하 기도 하고요. 그래서 아이를 다그치거나 혼내기도 하고, 아이 앞에 서 울거나 소리를 지르기도 하는데요. 이런 대처는 아이에게 심각 한 상처를 줄 수 있습니다.

나중에 아이가 '내가 피해자였는데도 가족들은 나를 비난했어. 세상에 내 편은 아무도 없어'라고 생각하며 살아갈 수 있거든요. 피 해 사실을 알고 무엇보다 첫 번째로 해야 하는 것은 아이를 안심시 키는 일입니다.

"많이 무섭고 불안했을 텐데 용기 내서 이야기해 줘서 고마워. 사실 이 이야기를 들었을 때 우리도 너무 놀라서 많이 당황했어. 그렇지만 네가 용기 낸 만큼 이제 함께 이 일을 해결해 나가자. 너에게 피해를 준 사람을 절대 용서하지 않고 네가 원하는 방향으로 처벌받을 수 있도록 최선을 다해 노력할게. 피해를 당한 건 너의 잘못이 아니라 가해자 잘못이니까 자책하지 말고 필요한 건 언제든지 이야기해 줘. 너는 여전히 소중한 아이야. 고맙고 사랑해." 이렇게 따뜻하고 위로가 되는 말을 꼭 해 주세요.

디지털 성폭력의 특성상, 상황을 파헤쳐 봐야 피해 정도를 제대로 알 수 있습니다. 예를 들어, 아이가 SNS에서 만난 사람과 연락을 주고받았을 때, 개인 정보를 어느 정도까지 공개했는지, 성적인 대화를 얼마나 했는지, 사진을 전송한 적이 있는지, 사진의 수위가 어느 정도인지, 유포 정황이 있는지 등의 모든 상황을 고려하고 확인해야 해요.

이 모든 과정을 양육자가 혼자 하기에는 어려운 부분이 많습니다. 특히 아이들이 대화 내용을 삭제했거나 상대방이 아이 계정을 차단하거나 자신의 계정을 없앤 경우는 증거의 흔적조차 찾기 어렵거든요. 또, 사진이나 영상이 유포되었는지를 어디서 확인해야 하는지조차 모르기 때문에 막막해하는 경우가 많습니다.

그렇기 때문에 우리 아이가 피해당한 사실을 알게 되었을 때는, 최대한 빨리 전문기관에 도움을 요청하는 게 좋습니다. 전문기관에서는 법률지원, 심리지원, 의료지원, 삭제지원 같은 업무들을 한꺼번에 해 주기 때문에 현재 아이의 상황뿐만 아니라 사건의 심각성, 개입해야 하는 부분들을 빠르게 파악하고 지원받을 수 있어요. 사실 확인이나 법적 절차도 중요하므로 최대한 빠르게 움직이는 게 좋습니다.

무엇보다 가장 중요한 건, 앞서 말했듯 아이가 피해를 당했다는 사실을 알게 되었을 때, 아이에게 언제나 너와 함께할 거라는 신뢰를 주며 마음을 안심시키는 것임을 꼭 기억해 주세요.

가해자인 경우

피해자가 있으면 가해자도 있기 마련이죠. 우리 아이가 가해자라면 어떻게 해야 할까요? 아이가 성폭력 또는 디지털 성폭력 가해자가 되었을 때도 양육자들이 많이 놀랍니다. 아이에게 실망스러운 마음이 생기기도 하지요. 그래서 아이를 비난하거나 혼내는 양육자들이 많습니다.

하지만 아이가 다른 사람에게 피해를 줬다면 양육자는 이미 아이를 혼낼 수 있는 입장이 되지 못해요. 그동안 성교육을 하지 않았거나 아이와 충분한 대화를 하지 못했다면 더더욱 양육자의 책임이

큽니다. 함께 반성하며 상황을 수습하기 위해 노력해야 해요.

아이를 비난하거나 혼내지 않아야 하는 또 다른 이유는, 아이가 가해자가 되고 나면 학교나 주위 사람들의 시선이 달라지기 때문입니다. 그런데 가족까지도 아이를 비난한다면 아이에게는 마음 둘 곳이 전혀 없어요. 아무리 잘못했을지언정 어느 한 곳은 의지가 되어야 자기가 한 언행을 되돌아보고 깨닫고 반성할 수 있어요. 아이에게 이렇게 말해 보면 좋겠습니다.

"이건 분명히 네가 잘못한 거야. 다른 사람에게 피해를 줬기 때문에 그 부분에 대해서는 우리가 부정하거나 감싸 줄 수가 없단다. 앞으로 너의 언행에 대해 책임지는 과정이 오래 걸리고 힘들 거야. 그 과정은 힘들겠지만 일상생활도 열심히 하고 최선을 다해 반성하는 것이 너의 언행에 책임지는 거라고 생각해. 이 일이 쉽게 해결되도록 도와줄 수는 없어. 하지만 옆에서 함께 반성하고 고민해 줄게. 잘 지나가 보자."

아이가 가해자가 되었을 때, 상황을 해결하는 것도 중요하지만 무엇보다 아이가 같은 실수를 하지 않도록 교육하고, 필요한 경우 상담을 받게 하는 것도 필요합니다. 아이를 비난하지 말라는 것은 감싸 주고 흐지부지 넘어가라는 뜻이 아닙니다. 아이가 무슨 생각으로 그런 행동을 했는지, 지금 상황을 아이가 잘 이해하고 있는지, 그리고 무엇을 잘못한 건지 확실히 깨달을 수 있도록 대화를 충분

히 나누라는 의미예요. 잘못한 부분은 확실하게 정리하되 아이가
책임져 나가는 전 과정을 옆에서 함께해 주는 게 중요합니다.

폭력에 대한 민감성

우리나라에서는 매년 직장이나 학교에서 폭력 예방교육을 의무적으로 하게 되어 있습니다. 학교에서는 아이들과 선생님 모두 '통합 폭력 예방교육'을 들어야 하고, 직장에서는 '직장 내 성희롱 예방교육'을 들어야 합니다. 이는 의무 교육으로서 법적으로 명시되어 있고, 시행하지 않을 시에는 불이익을 받을 수 있어요.

그런데 같은 교육을 왜 매년 반복해서 진행하는지 궁금하지 않나요? 실제로 학교나 직장에 폭력 예방교육을 하러 가면 다들 표정이 별로 좋지 않아요. '이거 작년에도 한 건데 또 들어야 해?', '업무 많은데 빨리 끝났으면 좋겠다', '애들만 들어도 충분할 거 같은데……', '뻔한 교육 또 들어야 하나' 같은 생각들을 주로 하더라고요. 왜 이걸 들어야 하는지 목적을 모르니 중요성을 못 느끼고 귀 기울이기 어려울 수밖에요. 어른이나 아이나 똑같습니다. 그래서 제가 폭력 예방교육을 가면 이 교육을 왜 매년 하는지에 대해 먼저 설명하고 시작해요.

매년 폭력 예방교육을 진행하는 이유는 '폭력에 대한 민감성'을 기르기 위해서입니다. 예를 들어 볼게요. 어떤 아이가 또는 어떤 직장 상사가 계속 성적인 농담을 한다고 생각해 보세요. 너무 가벼운 농담이라 정색하면서 "그만해! 그거 성희롱이야!" 하고 말하기는 애매하고 그렇다고 계속 듣기에는 불쾌한 마음이 드는 정도라면 어떻게 하시겠어요?

전반적으로 그 조직은 이러한 상황에 대해 별다른 말 없이 그냥 내버려 둘 가능성이 높습니다. 괜히 까탈스러운 사람이 되기 싫어서, 괜히 친구들이랑 못 어울리는 애가 되기 싫어서 침묵하는 경우가 많은 거죠. 무엇보다 그게 폭력인지 아닌지 애매한 경우라고 판단해서 단호하게 말하지 못하는 경우도 있고요.

그런데 매년 교육을 들으며, 가벼운 농담도 폭력이 될 수 있음을 꾸준히 인지하게 된다면, 그중 한두 명은 "그런 농담도 폭력이 될 수 있대요"라고 말할 수 있겠지요. 혹여 말하지 못하더라도 조직원들의 대부분이 '저건 폭력이야'라고 인지할 수 있습니다. 이렇게 점차 조직이나 학교 분위기가 달라질 수 있습니다.

매년 폭력 예방교육을 하는 이유는 어떤 가벼운 상황에서도 '어? 저거 위험한 발언 아닌가?'라고 생각할 수 있는 민감성을 키워 주기 위해서입니다. 민감성은 사회가 건강하고 안전하게 움직이기 위해 굉장히 중요한 요소이기 때문이에요.

폭력에 대한 민감성 키우기

폭력에 대한 민감성을 향상할 수 있는 방법에는 어떤 것들이 있을까요? 첫 번째는 아이의 공감 능력을 키우는 겁니다. 공감 능력이 떨어지는 아이들은 다른 사람의 생각과 감정을 헤아리지 못하기 때문에 본인의 행동이 다른 사람에게 어떤 감정을 느끼게 할지 몰라요. 그렇기 때문에 본인의 언행이 다른 사람에게 어떤 영향을 줄지 예상할 수 있도록 아이를 가르쳐야 합니다.

아이의 공감 능력을 키우는 방법은 먼저 양육자가 아이의 마음에 공감을 잘해 주고, 언어적, 비언어적인 공감 표현을 많이 해 주는 거예요. 아이가 어떤 이야기를 하든지 "아, 그랬구나"라는 추임새만 앞에 넣어도 아이가 공감받는다는 느낌을 가질 수 있습니다.

공감한다고 해서 아이의 언행에 모두 동의하는 건 아닙니다. '네 마음은 알겠어' 혹은 '그럴 수 있겠다' 정도의 마음만 전달하면 됩니다. 그 뒤에는 '그런데 말이야', '그 부분은 내 생각이랑 조금 다른데……'라고 반대 의견을 이야기해도 됩니다. 제일 중요한 건, 반대 의견을 말할 때도 아이의 말에 공감부터 하고 내 이야기를 시작하는 거예요.

두 번째는 다양한 상황들에 대해 함께 이야기를 나누는 겁니다. 동화책도 좋고 교과서도 좋아요. 아이들이 보는 만화나 게임도 좋습니다. 어떤 콘텐츠나 상황을 놓고 함께 생각하고 이야기를 나눠 보는 거예요.

그 안에 폭력적인 요소가 있는지, 그렇다면 폭력을 가한 입장과 당한 입장에 대해 각각 생각해 보고 어느 쪽에 더 공감이 되는지 말이에요. 이런 일들을 바로잡기 위해서, 그리고 예방하기 위해서는 어떻게 해야 하는지 등등 다양한 주제로 이야기를 나누면서 폭력에 대해 자주 생각하는 기회를 주는 게 좋습니다.

폭력은 개인적인 문제이기도 하지만 사회구조적인 문제이기도 합니다. 개인 문제로 단순하게 볼 수도 있지만 단지 거기에서 끝나면 안 됩니다. 개인이 개인에게, 혹은 조직이 개인에게, 조직이 조직에게 폭력을 가하는 것이 가능하도록 만드는 사회 시스템에 문제가 있음을 알아야 합니다.

또한 '그럴 수도 있지' 하는 사회 구성원들의 민감하지 않은 인식과 태도가 우리 사회의 폭력 문제를 점점 더 심각하게 만들고 있습니다. 그렇기 때문에 아이들부터 어른들까지 모두가 함께 폭력에 대한 민감성을 기르면 문제들을 조금씩 해결하고 방지할 수 있을 거예요.

개인적 차원의 노력

모든 아이들이 살면서 폭력이라는 것을 경험하지 않았으면 좋겠습니다. 그런 사회가 되려면 어른들의 노력이 절실해요. 그럼 우리가 할 수 있는 노력에는 어떤 게 있을까요? 크게 개인적인 노력과 사회적인 노력으로 나눠 볼게요.

개인적인 노력은 집에서 우리 아이에게 노력하면 되는 부분이에요. 계속 강조하는 부분이지만, 첫째로 대화를 많이 하세요. 아이와 대화를 많이 하면 아이의 생각을 알게 돼요. 아이의 생각과 아이에 관한 정보들이 아이 입을 통해 많이 모일수록 친밀감은 물론 신뢰도 쌓이겠지요. 그리고 아이의 행동을 더 잘 예측할 수 있을 거예요. 아이가 평소와 다르거나 위험에 빠졌다는 것을 빠르게 알아챌 수 있는 거죠. 이 부분은 아주 중요한 부분이니 꼭 기억하세요.

두 번째는 아이의 온라인 공간에 관심을 많이 가져야 해요. 하지만 물리적인 억압은 최고의 방법이 아닙니다. 아이들의 디지털 기기 사용을 막거나 친구들을 못 만나게 하는 것과 같은 물리적 억압은 아이들에게 무슨 일이 있었났을 때 오히려 숨기게 만들어요. 아이가 숨기기 시작하면 아무리 위험한 일이 있어도 아이를 도와줄 수 없어요. 결국 물리적 억압은 아이를 도울 기회조차 알아차리지 못하도록 하죠. 물리적인 억압보다는 아이가 관심 있어 하는 온라인 세상에 관심을 가지세요. 온라인 세상에서 활동하는 모습은 현실 세계에서의 아이와는 전혀 다른 모습일 수 있어요. 아이가 온라인에서 어떤 모습으로 자신을 운영하는지, 어떤 친구들과 주로 무슨 활동을 하면서 어울리는지 관심을 가져 보세요.

세 번째는 주기적인 성교육입니다. 교육을 통해 정확한 성 지식을 갖는 것, 건강하고 안전한 방법으로 성에 대해 대화하는 것, 다양한 관계와 인권에 대해 고민하는 것, 폭력에 대한 민감성을 키우는 것 모두 성폭력 예방을 위한 가장 좋은 방법입니다. 또한 가장 필수적인 방법이지요.

네 번째는 현실 속의 관계에 대해 아이들에게 실체를 느끼게 해주는 것입니다. 아이들은 현실에서 의지할 곳이 없거나 속상할 때 온라인 속의 친구를 찾게 되는 경우가 많습니다. 아이의 온라인 생활을 무조건 못 하게 할 수는 없으니까 자주 알려 주세요.

"온라인에서의 친구도 소중하고 중요하지만, 네가 직접 보고 대화를 나누고 만질 수 있는 가족들과 실제 주위에 있는 친한 친구들이 훨씬 더 믿음직하고 중요한 친구들이야. 온라인에서 친구를 사귀더라도 진짜 친구들과 가족들이 있다는 걸 꼭 기억했으면 좋겠어."

사회적 차원의 노력

사회적인 노력은 사회의 구성원으로서, 어른으로서 해야 하는 노력입니다. 첫 번째는 가해자들이 활개를 치도록 내버려 두면 안 돼요. 혹시 인터넷을 사용하다가 부적절한 광고가 뜬다면 신고도 누르고, 아주 심각한 범죄를 저지른 가해자들이 그에 합당한 처벌을 받을 수 있도록 청원 같은 것에도 동참해 주세요. 범죄 행동에 아무런 관심이 없고, 아무 노력도 하지 않는다면 그것은 가해자를 돕는 것과 다름없다는 것을 기억하세요.

두 번째는 성폭력과 관련된 사회 전반의 것들에 관심을 가져 주세요. 법이 어떻게 만들어지고 있고 잘 집행되고 있는지, 아이들이 경험하게 될 성 문화들은 어떤 게 있는지, 직장과 학교에서 의무교육은 제대로 하고 있는지, 사회 구조가 건강한 방향으로 흘러가고 있는지 등등 어른으로서 우리가 감시하고 체크해야 할 것들이 많습니다. 또한 변화가 필요하다고 생각된다면 적극적으로 의견을 말해 주세요.

세 번째는 공부입니다. 지금 이렇게 책을 보는 것도 정말 좋고 관련 강의를 듣는 것도 좋아요. 어떤 방식으로든 성에 대한 정확한 지식을 공부하세요. 어른들부터 건강한 성 인식을 가지는 것이 건강한 사회를 만들기 위해서 반드시 선행되어야 하는 일입니다.

디지털 성범죄는 시공간을 초월하는 폭력입니다. 더구나 그 피해가 영원할 수 있기 때문에 매우 심각해요. 아이들은 디지털에 관해 어른 세대보다 많은 걸 배우고 있어요. 하지만 아이들에게는 세상을 변화시킬 힘이 없습니다. 결정권을 어른들이 가지고 있기 때문입니다.

그러므로 가해자에 대한 강력한 처벌은 물론이고, 아이들이 살기 안전한 사회를 만들기 위해 모든 어른들이 최선을 다해 적극적으로 움직이려는 노력을 해야 합니다.

Q. 성별이 다른 친구와 스킨십이나 함께 재우기 등을 언제부터 분리 및 제지하는 게 좋을까요? 아이가 어릴 경우 더 헷갈려요.

질문하신 내용처럼 선을 긋고 규칙을 정하는 것을 '경계선 세우기'라고 하는데요. 경계선은 유아기 때부터 세워 줘야 해요.

못 하게 막는 게 아니라, 다양한 관계에 맞는 적절한 행동이 있다는 것을 알려 주는 거죠. 아무리 가까운 사이라도 하나하나 물어보고 상대방의 대답을 존중하는 태도를 길러 주는 것이 무척 중요합니다.

Q. 아이가 성범죄 피해자일 경우, 구체적으로 어디에 전화해야 하는지 등, 제일 현명한 대응 순서를 알려 주세요.

아이가 피해를 당했다면 1366으로 전화하는 게 가장 빠릅니다. '한국여성의전화'나 '해바라기센터'는 아동 성폭력 피해가 발생한 경우, 법률, 의료, 상담 지원 등이 모두 가능한 곳입니다.

특히 디지털 성폭력의 경우, 개인이 범죄 증거를 찾거나 유포된 사진이나 영상을 삭제하는 게 어렵기 때문에 전문 기관에 도움을 요청하는 것이 꼭 필요합니다.

Q. 유치원에서 아이들이 서로 몸을 만지고 논 걸 알게 됐어요. 어떻게, 어디까지 개입을 해야 맞을까요?

성폭력일지, 성적 놀이일지는 아이들의 감정과 반응에 달려 있습니다. 서로 동의했다면 성폭력이 아니라 성적 놀이일 가능성이 더 높습니다. 그러니 한 명을 가해자로, 다른 한 명을 피해자로 만드는 것은 부적절합니다. 이런 경우 아이들에게 놀이의 규칙에 대해 알려 주고 성교육을 해 주는 게 필요합니다.

하지만 한쪽이 강제로 몸을 만지고 놀자고 하면서 주도적으로 행동했고, 또 다른 아이는 불쾌하지만 응할 수밖에 없는 상황이었다면 이야기가 달라집니다. 혹은 의도는 그게 아니었지만 당하는 아이가 기분 나쁘게 받아들였거나 놀랐다면 성폭력이라고 볼 수 있습니다.

이때 가장 중요한 것은 당한 아이의 심리적 안정입니다. 아이가 불쾌한 기억이 떠오를 때마다 입으로 표현할 수 있게 해 주고 전문가를 통해 정서 치료도 받게 해 주세요. 피해를 당한 아이에게는 "네 잘못이 아니야. 그러니 불안해하지 말고 불편할 때마다 이야기해 줘"라고 자주 말해 주세요.

Q. 만약 가족, 친지 관계에서 성폭력이 발생했다면 대처 방법이 어떻게 달라질까요?

보편적으로 가족, 친지 관계에서 발생하는 성폭력이 더 오랫동안, 반복적으로 발생하기 때문에 피해 아이에게 평생토록 지독한 영향을 줍니다. 이렇게 피해를 당한 경험은 인간에 대한 신뢰까지도 무너뜨릴 수 있어요.

특히 그 상황에서 보호자가 아무것도 하지 않는다면 성폭력 피해보다 보호자가 자신을 보호해 주지 않았다는 사실 때문에 더욱 큰 트라우마로 남을 수 있어요. 그래서 더욱 단호하게 대처해야 합니다.

무조건 만나지 않도록 관계 단절하고, 아이가 겪은 피해 정도, 아이의 상태에 따라 필요한 개입을 모두 해야 해요. 필요하다면 법적 대응도 해야 합니다.

알쏭달쏭
우리 아이
성교육

1판 1쇄 발행 2022년 8월 17일
1판 3쇄 발행 2024년 3월 1일

지은이 바른생각, 김민영, 정선화, 윤동희

발행인 양원석 **편집장** 정효진
디자인 김유진, 김미선 **영업마케팅** 윤우성, 박소정, 이현주

펴낸 곳 ㈜알에이치코리아
주소 서울시 금천구 가산디지털2로 53, 20층 (가산동, 한라시그마밸리)
편집문의 02-6443-8847 **도서문의** 02-6443-8800
홈페이지 http://rhk.co.kr
등록 2004년 1월 15일 제2-3726호

ISBN 978-89-255-7767-8 (03590)

알성달성
노트

PART 1 | 성교육의 중요성

Q. 성性이 뭐라고 생각하세요?

(포괄적인 개념으로 접근해 주세요)

Q. 아이에게 성교육을 하기 전에, 양육자로서 어떤 준비와 태도가 필요할까요?

Q. 양육자가 여럿인 경우(예를 들어 부부인 경우), 누가 성교육을 하는 게 좋을까요?

Q. 과거와 달리 현재는 경계존중 교육에 초점이 맞춰져 있는데, '경계존중 교육'이란 어떤 교육 방식일까요?

Q. 경계존중을 교육하기 위해서는 두 가지가 가장 중요한데, 이 두 가지가 뭘까요?

Q. 최근에 성별 고정관념이 들어간 말이나 행동을 한 적이 있나요? (성인지 감수성 훈련이므로 곰곰이 생각해서 솔직하게 적어 보세요)

Q. 아이가 성 소수자에 대해 물었을 때 어떻게 대답하는 게 좋을까요?

PART 3 | 여성의 몸 바로 알기

Q. 평소 여성의 생식기를 이떻게 불러왔나요? 생식기의 정확한 명칭은 뭘까요?

Q. 생리통에는 두 종류가 있는데, 일차성 월경통과 이차성 월경통의 차이는 무엇일까요?

Q. 질염 중에서 성 파트너와 함께 치료해야 할 것은 무엇일까요?

Q. 아이의 자위행위를 목격했을 때, 현명하게 대처할 수 있는 방법을 적어 보세요.

Q. 평소 남성의 생식기를 어떻게 불러 왔나요? 생식기의 정확한 명칭은 뭘까요?

Q. 남자아이의 부모라면, 혹시 아이가 포경수술을 했나요? 안 했나요?

Q. 포경수술은 어떤 경우에 특히 권장될까요?

Q. 혹시 아이가 아직 포경수술을 하기 전이라면, 아이에게 포경수술을 권장할지 말지 고민해 보셨나요? 결론은요?

Q. 아이의 성기가 발기한 것을 보셨다면, 어떻게 행동하시겠어요?

Q. '자기결정권'이린 무엇일까요? 두 가지 맥락에서 적어 보세요.

Q. 미성년자 시기에 첫 성관계를 맺는 일이, 의학적으로 좋지 않은 이유가 뭘까요?

Q. 아이들의 조기 성관계를 막을 수 있는 방법에는 어떤 것들이 있을까요?

Q. 책을 읽고 새로 알게 된 피임법이 있나요?

Q. 응급피임약이 뭘까요? 응급피임약을 청소년도 복용할 수 있을까요?

Q. '데이트 폭력'이라는 용어보다 더 적합한 단어를 알고 있나요?

Q. 과거 미투 사건으로 대두된 '가스라이팅'과 '그루밍'에 대해 아는 대로 적어 보세요.

Q. 친밀한 관계에서 일어나는 성폭력을 방지하기 위해 양육자는 평소 어떻게 행동해야 할까요?

Q. 성병은 문란한 사람만 걸린다고 생각하신 적이 있나요?

Q. 인유두종바이러스HPV 감염 예방을 위해 맞아야 하는 예방접종
이름이 무엇일까요? 그리고 이 백신을 남자도 맞아야 하는 이
유를 적어 보세요.

Q. 헤르페스바이러스는 1형과 2형이 있는데, 이 둘의 차이에 대해 적어 보세요.

Q. 성병을 예방할 수 있는 가장 좋은 방법 두 가지를 적어 보세요.

Q. 아이와 함께 TV를 보다가 야한 장면이 나왔을 때, 아이가 놀라거나 괜히 장난을 치는 등 반응을 보일 경우, 양육자로서 어떻게 하는 게 적절할까요?

Q. 성 착취물을 '음란물'이라고 말하면 안 되는 이유가 뭘까요?

Q. 미디어를 분석하고 비판하는 능력을 갖추기 위해서는 '미디어 리터러시'가 필요한데, 아이에게 이것을 어떻게 가르쳐야 할까요?

Q. 아이의 미디어 중재력을 키우기 위해 노력해 본 적이 있나요? 실패했다면 실패한 이유에 대해 적고, 책 본문에서 적절한 해결책을 찾아 적어 보세요.

Q. 모든 성범죄는 '상대방의 동의 없이', '성적 불쾌감을 준다'라는 공통점이 있습니다. 이를 토대로, 만약 아이가 누군가를 함부로 껴안거나 몰래 사진을 찍는 등 성적으로 괴롭히고 '장난이었어요'라고 말한다면, 어떻게 교육하시겠어요?

Q. 호기심에 성 착취물을 보는 것, 성적 콘텐츠가 담긴 사이트 링크를 친구에게 보내는 것 등의 행위가 법적으로 처벌을 받을 수 있을까요?

Q. 만에 하나 우리 아이가 성범죄 피해자가 되었을 경우, 가장 먼저 해야 할 일이 어떤 걸까요?

Q. 마지막 질문입니다. 가정 성교육에서 가장 필수적이고 중요한 게 어떤 걸까요?

아이와 어떤 대화를 나누었나요?

20 . . .

아이와 어떤 대화를 나누었나요?

20 . . .

아이와 어떤 대화를 나누었나요?

20   .   .   .

아이와 어떤 대화를 나누었나요? | 20 . . .

아이와 어떤 대화를 나누었나요?

20　　　.　　.　　.

아이와 어떤 대화를 나누었나요?

20 . . .

아이와 어떤 대화를 나누었나요?

20   .   .   .

아이와 어떤 대화를 나누었나요? 20 . . .

아이와 어떤 대화를 나누었나요?

20 . . .

아이와 어떤 대화를 나누었나요?

20   .   .   .

아이와 어떤 대화를 나누었나요?

20   .   .   .

아이와 어떤 대화를 나누었나요? | 20 . . .